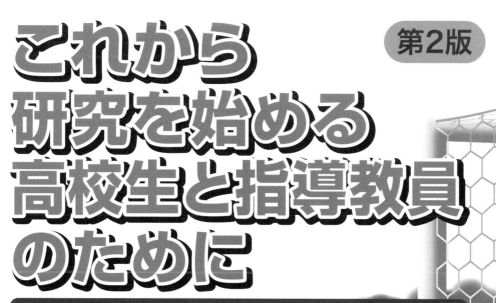

これから研究を始める高校生と指導教員のために

第2版

探究活動と課題研究の進め方・
論文の書き方・口頭とポスター発表の仕方

大改訂

酒井 聡樹 著

共立出版

はじめに

本書は、これから研究を始める高校生およびその指導教員のための本である。全生徒さんが行っている探究活動、理系の生徒さんの一部が行っている課題研究のために書いた。

探求活動・課題研究においては、何らかの成果を出して、それを論文にまとめ、口頭発表やポスター発表をすることが求められる。論文にまとめるとは、あなたの成果を、あなたの高校が発行する論文集等に文章としてまとめることである。口頭発表とは、成果発表会において、成果をまとめたスライドを示しながら発表する行為である。ポスター発表とは、同じく成果発表会において、成果をまとめたポスターの前に立って内容を説明する行為である。口頭発表およびポスター発表のような、聴衆に対してものごとを説明する行為をプレゼンテーション（プレゼン）という。

本書では、**探究活動および課題研究の進め方・論文の書き方・口頭発表とポスター発表の仕方を説明している。理系文系どちらの研究にも通じるものである。**本書を読めば、探究活動・課題研究を進める上で必要なことがすべてわかるようにしているつもりだ。

本書では、探究活動も課題研究も合わせて、何も付けずに「研究」と呼ぶ。課題研究はもちろん研究である。かたや探究活動も研究なのだ。探究活動では、あなた自身が問題を設定しその問題の解決を試みる（文部科学省 2023）。そのために、さまざまな情報を収集し、それらを整理分析して思考し、まとめ・表現する（文部科学省 2023）。「まとめ・表現」とは、論文やプレゼンで発表することである。こうした行為はまさに研究である。

本書は、2013年に出版した初版の大改訂版である。ほぼ全面的に書きかえた。課題研究を対象としていたものを、探究活動にも役立つようにした。理系のみならず文系の研究でも役立つようにもした。まったく新しく生まれ変わったと思っ

ていただきたい。

　本書の内容の出張授業も承る。対面でお話しする方が理解も深まると思う。お気軽にお声がけいただきたい（酒井連絡先；sakai@tohoku.ac.jp または satoki@kyp.biglobe.ne.jp）

本書の構成と使い方

本書は6部構成である。

　第1部：研究を始める前に知っておいてほしいこと
　第2部：研究の進め方
　第3部：データを取った場合の、データ解析と提示の仕方
　第4部：論文執筆およびプレゼンの準備をする前に知っておいてほしいこと
　第5部：論文・プレゼンの各部分で書き示すこと
　第6部：プレゼンの仕方

　あなたの研究の各段階に応じて該当部分を読むようにしよう。本書は長いため、最初から最後まで一気に通読するのは大変である。研究段階に応じて部分部分を読んでいただければよい。

　辞書のように使うことも勧める。目次を充実させているので、必要な部分を探して読んでほしい。

本書で出てくる研究例について

本書では、サッカー日本代表の強さの秘密に関する架空の研究および、高校生が実際に行った研究（またはそれを元に創作したもの）を例に説明を進めていく。日本代表の研究は、実際には実行が難しい突拍子のないものであるが、あくまでも例として受け入れてほしい。実例の中には、内容的に難しく理解できないものもあるかもしれない。しかし、それならそれでかまわない。研究例はあくまでも、論文執筆とプレゼンのための例である。そう割り切って、研究内容自体のことはさして気にせずに読み進めてほしい。

　実例はいずれも、該当の高等学校・団体から引用の許可を頂いている。実例の中で＊印のある部分は、本書の筆者である酒井による注釈である。

さらなる高みへ

本書は、高校生を主対象とした入門書である。本書を読み終えたら、下記の本に挑戦してみてほしい。

酒井聡樹（2017）『これからレポート・卒論を書く若者のために　第2版』共立出版

酒井聡樹（2015）『これから論文を書く若者のために　究極の大改訂版』共立出版

酒井聡樹（2018）『これから学会発表する若者のために：ポスターと口頭のプレゼン技術　第2版』共立出版

大学生・大学院生を対象とした、論文の書き方・プレゼンの仕方に関する本である。できるだけわかりやすく書いているので、高校生にも十分に理解できると思う。

謝辞

第2版を書く上で以下の方々にお世話になった。篤くお礼申し上げる。勤務先は、2023年4月時点のものである。

◇岩井千恵先生（宮城県仙台第一高等学校）・倉持友和先生（埼玉県立春日部高等学校）・鈴木悠生先生（宮城県気仙沼高等学校）・根岸靖先生（豊島岡女子学園中学校・高等学校）には、原稿を読んでいただき貴重な御意見を頂いた。

◇岩井千恵先生（宮城県仙台第一高等学校）・清原和先生（宮城県教育庁高校教育課）・小松代晃匡先生（宮城県気仙沼高等学校）・鈴木悠生先生（宮城県気仙沼高等学校）・永井由佳先生（宮城県貞山高等学校）・根岸靖先生（豊島岡女子学園中学校・高等学校）・能登美樹子先生（宮城県仙台第一高等学校）・原尚志先生（福島県立安積高等学校）・細谷弘樹先生（福島県教育庁高校教育課）・湯口弘樹先生（宮城県仙台第一高等学校）には、本書の内容に関しての要望や高校の指導現場の状況を聞かせて頂いた。

◇佐藤初美さん・堀野陽子さん（東北大学図書館）には、図書館利用における大学と高校の連携についてご教授頂いた。

◇共立出版の山内千尋さん・大谷早紀さん・天田友理さんは、第2版の出版のために色々とお骨折り下さった。

はじめに

◇大塚克さんはすばらしい表紙を描いて下さった。板垣智之さん・菊池瑛人さ
ん・佐藤大季さん・長南虎ノ介さん・茅野遼太郎さん・鳥上航平さん・渡邊悠
さん・秋田県立湯沢高等学校・宮城県角田高等学校・宮城県白石高等学校・宮
城県仙台第三高等学校・宮城県古川黎明高等学校の生徒さんは、表紙案につい
て意見を下さった。

目　次

目 次

目　次

第6部　プレゼンの仕方

目　次

要点目次

第1部
研究を始める前に

第1部では、研究を始める前に知っておいてほしいこと、あらかじめ心がけておいてほしいことを説明する。探究活動を行うにせよ課題研究を行うにせよ、第1部で説明することをきちっと理解しておいてほしい。

## 第 1 章

研究とは何か

本章では、研究とは何かを説明する。これをきちっと理解しておくことが、実りある研究とするために大切である。

要点1.1　研究とは何か

学術的問題とは
① 人類（高校生）にとって未解決である
② その解決を多くの人（高校生）が望んでいる

研究において行うこと
① 学術的問題に取り組む
② その問題の解決に貢献する
③ その成果を他者に伝え、価値あるものと認めてもらう

要点1.2　研究とはいえないもの

問題に取り組んでいない
① 単なる個人的体験である
② 何らかの問題を解決しようという意識がない

解決ずみである
① 答えがわかりきった問題に取り組んでいる

誰も解決を望んでいない
① 調べてどうするのかと思う問題に取り組んでいる

1.1　学術的問題とは何か

　まずもって、学術的問題とは何か（**要点 1.1**）を説明する。学術的問題とは、①人類にとって未解決か、高校生の知識の範囲内では未解決であり、かつ、②その問題の解決を多くの人（高校生）が望んでいるもののことである。以下で、それぞれについて説明しよう。

人類（高校生）にとって未解決である

　研究では必ず、未解決の問題に取り組まないといけない。「未解決」は、人類にとってであることが理想である。つまり、世界中の誰も解決できていないことが理想である。とはいっても、高校生がそのような問題に挑むのは非常に難しいであろう。だから、最先端の研究の世界では解決ずみの問題であっても、高校生の知識の範囲内では未解決に思える問題に取り組んでもよい。

　「高校生にとって未解決」の判断基準は、まずもって、インターネットで調べても答えが出てこないことである。それに加え、先行研究を調べることにも挑戦してほしい（その方法は第 2 部 2.1 節参照；p.34）。同じ問題に取り組んだ先行研究が見つからなかったら文句なしである。見つかった場合はその先行研究を読んでみよう。全文を読むのが難しいならば要旨を読んでみてほしい。そこには、その先行研究で新たに解決したことが書いてあるはずだ。こうしてあなたなりに調べても答えが出てこなかったら、未解決の問題と判断してよい。

その解決を多くの人（高校生）が望んでいる

　その問題は、多くの人（高校生）が解決を望んでいるものでなくてはいけない。たとえば、「思いを寄せている同級生と付き合いたい」という思いは、あなた個人にとっては未解決の大問題である。しかし、他の人にとっては問題とならない。だから、「その同級生と付き合う方法」を研究して他者に発表する意味はない。これが、「恋をかなえる必勝テク」となれば、多くの人にとっても問題となる。だから、他者に向けて発表する価値がある。学術の世界も同様だ。誰も解決を望んでいない問題に取り組んだ研究を、他者に向けて発表する意味はない。多くの人が解決を望んでいる問題だからこそ、他者に向けて発表する意味があるのである。ただし、「何人以上が『多くの人』か」などという基準はない。目安として、

その問題が、インターネットや新聞の学術欄に載るかどうかを考えるとよい。載るという自信があるのなら、「多くの人」がその問題の解決を望んでいると思ってかまわない。

1.2　研究において行うこと

　では、研究とはどういう行為なのか。研究においては、①何らかの学術的問題に取り組み、②その問題の解決に貢献することを目指す。そして研究は、③その成果を他者に伝え、価値あるものとして認めてもらうことで完結する（**要点1.1**；p.2）。以下で、①②と③とに分けて説明しよう。

①②何らかの学術的問題に取り組み、その解決に貢献する

　研究とは、学術的問題の解決に挑む行為である。学術的問題の解決に挑まないものはただの調べ物だ。いくら一所懸命に調べたり実験したりしても、それだけでは研究とはなりえない。

　これが、理科実験の授業と異なる点だ。理科実験の目的は、与えられた課題に応えることであって、解答の見えていない問題を解決することではない。指示通りに実験を行えば誰でも成功するはずのものである。実験に成功したからといって、何らかの未解決の問題を解明したことにはならない。

　一方、学術的問題の解決に挑むことは、理科実験の課題に応えることとはまったく異なる。こなすべき道が与えられているわけではないし、問題に対する正解が用意されているわけでもないのだ。あなた自身が、その問題に対する解答を導かなくてはいけない。これが、学術において行うことである。

③その成果を他者に伝え、価値あるものと認めてもらう

　努力の末、取り組んだ問題を解決できたとしよう。では、それで研究は終わったのか？　新知見を、あなた自身の知識の中だけに留めておしまい？　いや、それでは意味がないであろう。

　あなたがその問題に取り組んだのは、その解決を多くの人が望んでいるからである（1.1節参照；p.3）。ならば、その人たちにその成果を伝えてあげようではないか。論文を書いたり、口頭発表・ポスター発表をしたりして他者に伝える。

そして、あなたの研究の価値を認めてもらう。皆がそうやって価値ある成果を伝え合うことで、私たちの知識は深まっていくのだ。研究の目的は、成果を出すこと自体にあるというよりも、**成果を出して他者に伝え、価値あるものと認めてもらうことにある**と心得るべきである。

1.3　研究とはいえないもの

　研究とはいえないものはどういうものなのか。その典型を**要点 1.2**（p.2）にまとめた。以下で、それぞれについて説明しよう。

問題に取り組んでいない

　何らかの問題を解決しようという意識なしに、実験・解析・観察・調査等を行うだけの行為は研究になりえない。たとえば以下のようなものである。

> ◇ とある植物のグループ（サクラの仲間とか）数種の葉を採集し、葉の形態を比較してみた。
>
> ◇ 大気汚染の指標である二酸化窒素の濃度を何か所かで測ってみた。
>
> ◇ 市販のロボット作成キットを購入してロボットを作り、操作実験をしてみた。
>
> ◇ 郷土食のレシピを集めてみた。

手を動かせば、何らかの結果は出てくる。ではいったい、どういう問題に取り組むためにそのことを調べたのか。問題意識を持たずに実験・解析・観察・調査等を進めると、結果を出しただけで終わってしまうことになる。上記の例はいずれも、何らかの問題に取り組もうとして行うのなら立派な研究となる。ただ単に調べただけでは駄目ということである。

解決ずみである

　問題に取り組んでいるとはいっても、答えがわかりきったものに取り組む意味はない。たとえば以下のようなものである。

◇ 昆布からグルタミン酸を取り出すことができるのか？
　　答え：できる（一般常識）

◇ 酸化還元反応を利用して、自分たちで鏡を作ることができるのか？
　　答え：できる（新聞等の科学欄レベルの常識）

◇ 静電気が起こりやすい条件は何か？
　　答え：湿度20％以下、気温25度以下（調べればすぐにわかる）

◇ 私たちの地域にはどのような郷土食があるのか？
　　答え：○○○○（その地域の多くの人にとっては常識）

これらはいずれも、どういう結果になるのかわかっている問題に取り組んだものである。だから、いくら良い結果を出しても、未解決の問題を解決したことにはならない。

　とくに注意してほしいのが、あなたが知らないことへの答えをインターネットに求める行為である。たとえば、「雨の日のヘアセットの仕方」をインターネットで調べるといったことだ。これはすでに解決ずみであり、その答えがインターネットに載っている。これでは、研究ではなくただの調べごとである。

　ただし、上述のように、最先端の研究の世界では解決ずみの問題であっても、高校生の目で見て答えが未知の問題ならば研究対象となる（1.1節参照；p.3）。

誰も解決を望んでいない

　研究の条件は、多くの人（高校生）が解決を望んでいる問題に取り組むことである。だから、以下のようなものは研究とはいいがたい。

◇ 卵白で洗濯が可能か？
　〔何のために卵白で？〕

◇ 蒸気機関車の燃費向上
　〔実用性もなくほとんど走っていないのに、向上させる意味がある？〕

◇ 鎌倉幕府の御家人・泉親衡が行ったことのない景勝地
　〔知ってどうするのか？〕

これらはいずれも、その問題に取り組んでどうするのか、解決する意味があるのかと思ってしまうものである。解決を望む人は非常に少なく、研究として受け入れてもらえないであろう。

第 *2* 章

意義のある問題に取り組もう

研究の最終目的は、自分の成果を他者に伝え、価値あるものと他者に認めてもらうことである（1.2節参照；p.4）。そのためにはまずもって、意義のある問題に取り組む必要がある。そして、その問題の意義を他者に認めてもらう必要がある。本章で、研究の意義を認めてもらうために非常に大切なことを説明する。

要点1.3 研究の意義を認めてもらうために

心がけること
① 自分の興味を他者の興味に

他者に伝えること
① その研究で何をやるのか
② そのことをどうしてやるのか
  ⎰ どういう問題に取り組むためか
  ⎱ その問題に取り組む理由は

取り組む理由の説明の仕方
① その問題の解決が、上位の問題の解決につながる
  ◇ その問題の解決が、どういう上位の問題につながるのか
② その問題の解決自体に意義がある
  ◇ その問題がどうして疑問なのか、不思議なのか

2.1 自分の興味を他者の興味に

研究成果の意義を認めてもらうために心がけてほしいことがある。それは、自

分の興味を他者の興味にするということである。

　研究を始める際の出発点となるものは、取り組む問題に自分自身が興味を持つことである。これは大切だ。興味を持ったからこそ、意欲的に研究に取り組むことができる。成果を出すために、努力を重ねることができる。

　しかし、いつまでもそれだけでは駄目である。研究成果を発表するときには、自分の興味という視点だけではいけないのだ。

　例を見てみよう。

例1.1　自分の興味という視点

細　菌

【研究動機】
　普段生活している中の目に見えないモノについて興味を持ち、細菌について調べることにした。

例1.2　自分の興味という視点

水溶液の濃度と光の屈折

【研究動機・目的】
　光について調べようと思ったのは、相対性理論などを知って光というものについて興味がわいたからである。
　この研究の目的は、水溶液に光を通して、屈折率がどのように変化するか調べることである。今回はショ糖を用いて実験を行う。

これらはいずれも、自分が興味を持ったという視点で語っている。つまり、研究の当事者である「自分の興味」という視点のままである。

　しかし考えてほしい。論文を読むのは読者である。口頭発表・ポスター発表を見聴きするのは聴衆である。成果を伝える相手は他者（読者・聴衆）なのだ。つまりあなたは、**他者に興味を抱いてもらうために研究発表をする**のである。だから、自分が興味を持ったからという視点で話してよいはずがない。「他者の興味」という視点に立ち、それを喚起することを心がけなくてはいけない。他者に、「興味を持った」「調べてみたい」と思わせるのである。

2.2　他者の興味にするために

　ではどうすれば、自分の興味を他者の興味にすることができるのか。例として、人に頼んで何かをしてもらう場面を考えてみる。このとき、どういう情報を相手に伝える必要があるのか。すぐに思い浮かぶのは、「何をやるのか」を伝えることである。やってもらいたいことの中身が伝わらないと話にならないから、この情報は不可欠である。では、たとえば、「ここに穴を掘って下さい」とあなたは頼む。そうすると相手は、「わかりました」と穴を堀り始めるであろうか。いやおそらく、穴を掘ろうとはしないであろう。どうして穴を掘る必要があるのかわからないので、その気になれないのだ。そこへ、「徳川幕府の埋蔵金が埋まっています」と告げる（何兆円という埋蔵金が埋まっているという伝説がある）。古文書を見るなどして納得したら人は、にわかに張り切って穴を掘り始めるであろう。どうして穴を掘るのかを理解したからである。すなわち、埋蔵金を取り出すため（取り組む問題）であり、取り出せば大金持ちになれること（その問題に取り組む理由）がわかったからだ。

その気にさせるために他者に伝えること
① 何をやるのか：ここに穴を掘る
② そのことをどうしてやるのか
　　　どういう**問題**に取り組むためか：徳川幕府の埋蔵金を取り出す
　　　その問題に**取り組む理由**は：大金持ちになれる

　このように、人に何かをしてもらうためには、やってほしいことを伝えるだけではだめである。そのことを「どうしてやるのか」（取り組む問題と取り組む理由）を説得することが鍵なのだ。

　まったく同じことが研究にも当てはまる。研究発表というものは、自分の研究成果を読んだり聴いたりして下さいと他者に頼むことである。だから、他者をその気にさせることが重要だ。そのためには、その研究で何をやるのかを伝え、かつ、それを行うことの学術的意義（どうしてやるのか）を説得しなくてはいけない。つまり以下を説明することである。

興味を持ってもらうために他者に伝えること

① 何をやるのか：○○○○を行う

② そのことをどうしてやるのか

　　どういう**問題**に取り組むためか：□□□□という問題に取り組む

　　その問題に**取り組む理由**は：△△△△だからである

興味を持ってもらえるかどうかは、**そのことをどうしてやるのか、すなわち、取り組む問題と取り組む理由の説明にかかっている**といってよい。

　高校生の研究の例を見てみよう。まずは、取り組む問題も取り組む理由もはっきりしない例である。

例 1.3　取り組む問題も取り組む理由も不明

ニワトリの胚発生（＊高校生の研究を元に創作）

　ニワトリの有精卵を用いれば、その胚発生を観察できることを知った。そこで、温度を 38℃ に保ち、定期的に転卵（＊）させながら発生を進行させた。そして、発生開始から 1, 3, 5, 8 日の胚を取り出して観察した。

＊転卵：卵を定期的に転がして、胚が殻に付着してしまわないようにすること。

ニワトリ胚の発生を観察した研究である。しかし、どういう問題に取り組むために観察したのかわからない。取り組む問題がわからないので、取り組む理由もわからない。

① 何をやるのか：ニワトリ胚の発生の観察

② そのことをどうしてやるのか

　　どういう**問題**に取り組むためか：？？？

　　その問題に**取り組む理由**は：？？？

このため、この研究に興味を持ちにくかったのではないだろうか。では、こういう風に直してみよう。発生中の胚が、卵の殻に付着して死亡してしまうことがある。それを防ぐためには定期的に転卵をする必要がある。そのことに関して研究するとする。

---

① 何をやるのか：転卵の回数が少ないことによる死亡は、胚の発生初期ほど
　　　　　　　　起きやすいのかどうかを調べる
② そのことをどうしてやるのか
　┌ どういう**問題**に取り組むためか：転卵は、胚の発生初期こそ重要なのか？
　└ その問題に**取り組む理由**は：小さく未発達な胚ほど殻に付着しやすそうだ
　　　　　　　　　　　　　　　　　から

このように取り組む問題と取り組む理由が明確なら、この研究に興味を持ちやすいであろう。

　次は、取り組む問題が明確なら良いのかという例である。

例1.4　取り組む問題は明確だけれども、取り組む理由が不明

気温変化を調べる（＊高校生の研究を元に創作）

　街に新しいショッピングセンターができた。さっそく行ってみたところ、色々な店があって一日中過ごせそうであった。そしてふと、このショッピングセンターのある場所の気温変化は、街の他の場所の気温変化と同じなのかと思った。そこで気温変化を比較することにした。

取り組む問題は、「ショッピングセンターのある場所の気温変化は、街の他の場所の気温変化と同じなのか」であり、明確に述べられている。しかし、その問題に取り組む理由は不明である。

---

① 何をやるのか：気温変化を比較
② そのことをどうしてやるのか

> どういう**問題**に取り組むためか：ショッピングセンターのある場所の気
> 　　　　　　　　　　　　　温変化は、街の他の場所の気温変化と
> 　　　　　　　　　　　　　同じなのか？
> その問題に**取り組む理由**は：　　？？？

取り組む理由がわからないので、調べてどうするのかと思ってしまうであろう。
では、このように直してみよう。

> ① 何をやるのか：気温変化を比較
> ② そのことをどうしてやるのか
> 　　どういう**問題**に取り組むためか：ショッピングセンターのある場所の気
> 　　　　　　　　　　　　　　　温変化は、街の他の場所の気温変化と
> 　　　　　　　　　　　　　　　同じなのか？
> 　　その問題に**取り組む理由**は：ショッピングセンターは盆地の中の高台にあ
> 　　　　　　　　　　　　　　　り、暑い条件と涼しい条件の両方を持つから

このように、取り組む理由がわかれば、気温変化を調べることに納得するのでは
ないだろうか。取り組む問題を示すことはもちろんであるが、取り組む理由も示
さないと他者の興味にすることができないのだ。

　取り組む理由の説明は、他者に、その問題を解決する必要性を認めてもらう鍵
となるものである。取り組む理由に納得しその問題の意義を感じ取ったら、他者
も興味を持ってくれる。逆に言うと、取り組む理由を納得してもらえなかったら、
その問題に取り組む意義を認めてくれない。なので、その説明を決しておろそか
にしてはいけない。

2.3　取り組む理由の説明の仕方

　取り組む理由の説明の仕方には 2 通りある（**要点 1.3**；p.8）。

その問題の解決が、上位の問題の解決につながる
どういう上位の問題があるのか

問題：飛行機雲を見て天気を予測。
理由：災害で、天気予報を見られないこともある（上位の問題；災害時対策）。

問題：なぜ、サッカー日本代表は強いのか？
理由：強さの秘密がわかれば、継続強化に適用できる（上位の問題；継続強化）。

問題：ゴミのポイ捨てを減らす看板の文章は？
理由：街を美化する必要がある（上位の問題；街の美化）。

その問題の解決自体に意義がある
その問題がどうして疑問なのか、不思議なのか

問題：紅花はなぜ赤の染料なのか？
理由：紅花の色素の99％は黄色。

問題：納豆の粘りはどうして生じるのか？
理由：腐っていないのに粘る。他の食品にはほとんど見られない現象。

問題：江戸時代、日本とオランダが友好関係を保てたのはなぜか？
理由：鎖国をしていたのにオランダだけなぜ？

例1.3（p.11），例1.4（p.12）の改善例の取り組む理由はどちらも、その問題の解決自体の意義を訴えたものである。

あなたの研究が、2通りのうちのどちらに当てはまるのかはその研究による（どちらのやり方でも取り組む理由を説明できる研究もある）。あなたの研究に合った説明をしてほしい。とはいっても、取り組む理由の説明は難しいと思う。あなたがその問題に興味を持ったことには、何かしらの学術的な理由があるはずである。それを言語化し、他者に説明できるようにしてほしい。

2.4　興味を持ったから調べるのか

　最後に、2.1節（p.8）で紹介した、興味を持ったから調べるということを改めて考えてみよう。例1.2（p.9）の論理は以下のようにまとめることができる。

① 何をやるのか：ショ糖を用いた実験
② そのことをどうしてやるのか
　　どういう問題に取り組むためか：水溶液中で、光の屈折率がどのように変化するのか？
　　その問題に取り組む理由は：光に興味がわいたから

　取り組む理由は「興味がわいたから」である。ここで考えてほしい。自分が興味を抱いたことすべてが学術の対象となるものであろうか？　たとえば、自分の祖先がどういう人物なのか興味がある人も多いだろう。しかし、祖先の人物像を調べることは、（通常は）個人の趣味の範疇である。あるいは、通学路上でネコにしばしば出会うので、「この辺りに何匹いるのか？」と興味を抱いている人がいるかもしれない。しかしそれを調べることは、ほとんど自己満足のためといってよいであろう。このように、自分の興味の多くは、学術として取り上げ、他者にその研究成果を発表するようなものではない。**学術の対象となるのは、自分が興味を抱いたことの一部だけなのである**（**図1.1**）。

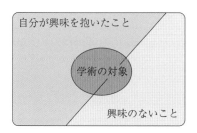

図1.1　**興味があることと学術の対象となることの関係**

学術の対象となりうるのは、自分が興味を抱いたことの一部だけである。

「興味を抱いたから調べる」という論理を一般化するとこうなる。

> Aについて調べます。
> なぜなら、Aに興味があるからです。

この論理は、以下のように人に頼むのと同じである。

> ここに穴を掘って下さい。
> なぜなら、穴に興味があるからです。

こう言われて穴を掘る人はいない。ところが研究となると、このような論理で、「研究を受け入れて下さい」と他者に頼んでしまうのだ。

　世の中には、穴がない場所が無数にある。そしてむろん、穴がない場所のどこもかもが、穴を掘る価値があるわけではない。掘る価値があるのは、徳川幕府の埋蔵金が埋まっているなどの特定の場所だけである。だから、穴を掘ってほしいと頼むのならば、その場所は掘る価値があると説明しなくてはいけない。

　研究の場合も同様である。その研究で取り上げることは、**図1.1**（p.15）の「学術の対象」の中に入ることを説明する必要がある。「興味を抱いた」というだけでは、「学術の対象」の中にあるのか外にあるのか他者に伝わらないではないか。

　もちろん、自分の興味は非常に大切である。これがすべての出発点だ。しかし、自分の興味だけですませてはいけない。自分が興味を抱いたその問題には、何らかの学術的意義があるはずだ。それを感じ取ったからこそ興味を抱いたのだろう。ならば他者にもそれ（その問題に取り組む理由）を説明しよう。そして他者にも興味を抱かせる、つまり、学術的意義を納得してもらうのである。

第 *3* 章

説得力のある主張とは

本章では、説得力のある主張とはどういうものなのかを説明する。研究では、データ・事実に基づき何らかのことを主張する。他者にそれを受け入れてもらうためには、説得力がすべてなのである。研究計画を立てるときには、説得力のある結論が得られる計画になるよう心がけよう。研究成果をまとめるときには、結論に説得力があるのかを厳しく検討してほしい。

要点 1.4 説得力のある主張とは

---

① データ・事実に基づき結論している
② 論理的な主張をしている
　　◇ 他の解釈も検討している
　　◇ 条件を 1 つだけ変え、その影響を見ている
　　◇ 真の関係とみかけの関係を区別している
③ その主張が否定される可能性も検討している
④ 他の主張に比べ、その主張の方が確からしい

3.1　データ・事実に基づき結論している

　研究では、何らかの問題に取り組み、その問題に対する結論を述べる。その結論は、**あなたが思うことであってはならない。データや事実に基づいて、論理的に導かれるもの**でないといけない。しかしながら高校生の研究には、以下のようなものがとても多い。

　　① データ取りや事実調べをする
　　② それとは関係なく、自分が思うことを結論してしまう

結論ありきで、得たデータや事実から言えないことを結論してしまうのだ。
　例を見てみよう。

例1.5　データ・事実から言えないことを結論

公的扶助制度を広く知ってもらうために（＊高校生の研究を元に創作）
【研究目的】 公的扶助制度というものがある。公的機関が主体となって生活補助を行う制度である。しかしながら知らない人も多い。広く知ってもらう方法を提言する。
【研究内容】 公的扶助制度をどれくらい知っているのかをアンケートで調べた。その結果、詳しくは知らない人が多いことがわかった。
【結論】 漫画を用いた普及を行う。漫画なら親しみやすくわかりやすいであろう。

得たデータ・事実は、公的扶助制度を「詳しくは知らない人が多い」である。それなのに結論は「漫画を用いた普及」である。得たデータ・事実とは無関係であり、そこからは言えない結論になってしまっている。「漫画を用いた普及」と結論したいのなら、漫画・チラシ・SNS等を用いた普及の実験などをして、漫画が一番効果的というデータを得るべきである。
　もう一例を見てみよう。結論が、得たデータに部分的にしか基づいていない例である。

例 1.6　データに、部分的にしか基づいていないことを結論

河川へのゴミの投棄をなくす看板（＊高校生の研究を元に創作）

【研究目的】　どんな文面の看板ならば、河川へのゴミの投棄をなくすことができるのかを調べる。

【研究内容】　「ゴミを捨てないで下さい」という命令調の看板と「美しい川を守ってくれてありがとうございます」というお礼調の看板を立て、投棄されたゴミの数を比べた。その結果、瓶や缶の投棄はお礼調の看板で減った。しかし、粗大ゴミの投棄数は変わらなかった。粗大ゴミは、人目に付かない夜間に捨てるために看板が目に入らなかったのではないか。

【結論】　お礼調の看板にし、夜間にも目に入りやすいように蛍光色で文字を描く。

「お礼調の看板」が良いというのはデータに基づいた結論である。しかし、「夜間にも目に入りやすいように蛍光色」がデータに基づいた結論とは言いがたい。粗大ゴミは夜間に捨てると考え、この自分の考えのみを元に結論してしまっているのだ。こう結論するためには、蛍光色と非蛍光色の看板で投棄数を比べたデータが必要である。

　結論を出したら、得たデータや事実をもう一度見直そう。そして、それらのデータ・事実から本当にそう結論できるのかを厳しく検討してほしい。

3.2　論理的な主張をしている

　結論は、得たデータや事実から論理的に正しく導かれる必要がある。本節では、論理的な主張の仕方を説明する。

3.2.1　他の解釈も検討している

　研究では、データ・事実を元に何らかの主張をする。そのとき、他の解釈（主張）が成り立つ可能性はないかどうかを検討しよう。

例 1.7　他の解釈を検討していない

食べ物が美味しそうに見える色（＊高校生の研究を元に創作）
【研究目的】　どんな色だと、その食べ物が美味しそうに見えるのかを調べる。
【研究内容】　赤・橙・青・白のジャムを作り、どれが美味しそうに見えるのかをアンケートした。赤・橙が美味しそうに見えるという回答が多かった。
【結論】　赤・橙といった暖色系の色だと食べ物が美味しそうに見える。

確かに、「暖色系の色だと食べ物が美味しそうに見える」可能性はある。しかしながら、その食べ物（この例ではジャム）から感じる色のイメージと一致していることが重要である可能性もある。ジャムならば、暖色系が美味しそうに見えても不思議はない。しかし、赤い豆腐と白い豆腐はどちらが美味しそうに見えるだろう。複数の食べ物で調べるなどして、色そのものの影響なのか、食べ物の色のイメージの影響なのかを調べる必要がある。

　データ・事実を解析しているとき、あなたの頭は熱くなっていて、一つの見方に囚われてしまっていることがある。数日間、そのデータ・事実のことを忘れて頭を冷却しよう。そして冷静になった頭で、他の解釈が成り立たないかどうかを検討してほしい。

3.2.2　条件を1つだけ変え、その影響を見ている

　ある現象には、いろいろな条件が関与しうる。たとえば日本代表の強さには、選手の能力・練習内容・戦術・普段の食事などさまざまなものが関与しうる。こうした諸条件の中から真に重要なものを見つけ出すにはどうすればよいのか。それは、**条件を1つだけ変えてその影響を見る**ことである。たとえば、選手の食事だけを変えて試合成績がどうなるのかを見てみる。同時に複数の条件を変えてはいけない。それでは、変えた条件のうちのどれが影響しているのかわからなくなってしまう。

　しかし高校生の研究では、条件を1つだけ変えるという基本ができていないことが多い。例を見てみよう。

例 1.8　複数の条件を変えてしまっている

スポーツドリンクと人体の関係 ～糖質が人体に及ぼす影響～

【研究の概要】（＊主目的を抜粋）

（＊スポーツドリンクの効能の中で）運動をする上でも重要な成分である糖質に着目し、「糖質」と「運動パフォーマンス」・「集中力」の関係について研究した。

【仮説】

エネルギー源であるブドウ糖や果糖などの糖質を含んでいるスポーツドリンクを飲んだ場合の方が、エネルギー源ではないクエン酸のみを含んだ水を飲んだ場合や水分補給なしの場合よりも運動前後の身体状況の変化は少ない。

【実験】（＊酒井による抜粋要約）

以下の場合を比較； スポーツドリンクを飲む
　　　　　　　　　クエン酸入りの水を飲む
　　　　　　　　　何も飲まない

この研究では、「糖質が人体に及ぼす影響」が取り組む問題である。ならば、糖質の有無という条件だけを変えた実験が必要となる。つまり、糖質入りの水（スポーツドリンク）を飲んだ場合と普通の水を飲んだ場合の比較だ。ところがこの比較を行っていない。「スポーツドリンクを飲む」（糖質あり・水あり）と「何も飲まない」（糖質なし・水なし）との比較は、糖質の有無と水の有無という 2 つの条件を変えた実験になってしまっている。そのため、糖質の効果と水の効果の区別がつかない。「クエン酸入りの水を飲む」との比較は糖質とクエン酸の比較であり、糖質の有無の比較にはなっていない。

　条件を 1 つだけ変えて、何も変えない場合と比較する実験を対照実験という。要因の候補がいくつかあるのなら、その 1 つ 1 つについて対照実験を行おう。たとえば、条件 A・条件 B・条件 C の 3 つがあるならば、条件 A だけを変えた実験・条件 B だけを変えた実験・条件 C だけを変えた実験を行う。こうすることで、どれが重要なのかを解き明かしていくわけである。

3.2.3　真の関係とみかけの関係を区別している

　何か 2 つの間に相関関係（片方が変化すれば、もう片方も変化するという関係；第 3 部 3.3.2 項参照；p.95）があったとしても、意味のある関係であるとは限らない。たとえば、犬を飼っている人が多い街ほどアイスクリームの売り上

げが多いという関係があった。これから、犬が好きな人はアイスクリームも好きと結論してよいのか。いや、ただ単に、犬を飼っている人の数とアイスクリームの売り上げのそれぞれが街の人口に比例しているだけだ。

　相関関係には、真の関係が確かにある場合とみかけの関係しかない場合とがある（**図1.2**）。みかけの関係は、第三の要因が両者に関与しているために起こる。真の関係と結論するためには、それが、みかけの関係ではないことを示す必要がある。

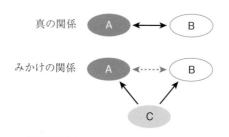

図1.2　真の関係とみかけの関係

みかけの関係では、両者（AとB）に他の要因（C）が関与しているため、AとBに何らかの関係があるように見えている。

　しかしこれはなかなか難しいことである。例を見てみよう。

例1.9　真の関係とみかけの関係の区別ができていない

PLANT INVADER 帰化植物の分布

実験Ⅱ

【研究の目的】

（＊略）帰化植物はどの様なところに生えているか知る。そして、なぜそのような分布になるのか考察する。

【仮説】

車等に種子が付着して運ばれてくることがあり、車通りが多いところにたくさん生えているのではないか。（＊略）

【調査方法と結果】（＊酒井による抜粋要約）

アワダチソウ類植物（＊）の分布を、国道沿い・県道沿いで調べた。その結果、国道沿いに多いことがわかった。車などが種子を運んでくるためであろう。

＊アワダチソウ類植物：キク科の帰化植物。

県道よりも国道の方が車通りが多いことは確かだろう。しかし、県道と国道で違うことは他にもある。たとえば、県道よりも国道の方が太くて立派なので、道路沿いに、より明るく切り開かれた場所が多いかもしれない。アワダチソウ類植物は、裸地などの明るい環境に生育する植物である。だから、国道沿いの方が生育適地が多い可能性もある。車通りが多いことが要因かどうかを検証するためには、生育適地の数の違いを分離しなくてはいけないのだ。たとえば、県道・国道それぞれで生育条件が同じ場所を選び、アワダチソウの数を両者間で比較するなどである。

それがみかけの関係かどうかを見抜くためには、まずは論理的に考えることである。何か、第三の要因（図1.2のC；p.22）が関与していないのか？　その可能性があるのならば、その第三の要因を揃えた比較を行う。たとえば、人口あたりの、犬を飼っている人の数とアイスクリームの売り上げの関係を見てみる。そうすることで、第三の要因（この例では人口）の影響を排除することを試みよう。

操作実験が可能ならば、それが真の関係かどうかを知ることができる。つまり、図1.2（p.22）のAを変えるとBも変わるのか、あるいは、Bを変えるとAも変わるのかを調べるのである。アワダチソウ類植物の例では、交通規制などをして車の交通量を変化させ、新しく芽生える幼植物の数が変化するかどうかを調べたりするとよい（現実的な実験ではないが）。

3.3　その主張が否定される可能性も検討している

あることを主張したいのならば、**それが否定される可能性も検討しなくてはいけない**。たとえば、「日本代表が強いのは寿司のおかげ」と主張したいとしよう。そのためには、「寿司のおかげ」という可能性と、「寿司のおかげではない」という可能性のどちらがデータ・事実に合うのか比較検討すべきである。こうした比較検討なしに、「寿司のおかげ」に都合の良いデータ・事実だけを並べても説得力に欠ける。

例を見てみよう。

例 1.10　その主張が否定される可能性を検討していない

○○町の観光推進案を提言する（＊高校生の研究を元に創作）

【**研究目的**】　私たちが住む○○町の観光推進案を提言する。

【**提言内容**】　海の幸と山の幸の両方に恵まれているという特性を活かし、両者を使った丼を提供する。春の名物は「筍と鯛の丼」、秋の名物は「松茸と秋刀魚の丼」にする。山海の食材を一つの丼で食べることができて嬉しいはずである。

　この研究では、「筍と鯛の丼・松茸と秋刀魚の丼」で観光を推進すると提言している。そして、「山海の食材を一つの丼で食べることができて嬉しい」と良い面だけを述べている。しかし悪い面も検討すべきである。食べ合わせの問題があり、別々の丼の方が良いのではないかとか、費用に対して見合うものなのかといった点である。良い面・悪い面の両方を検討した上で、「筍と鯛の丼・松茸と秋刀魚の丼」が本当に良いと判断するのなら、これら丼を提言すべきである。

　都合の良いデータ・事実だけを並べ、結論の正しさを主張してはいけない。それでは、研究というより商品の宣伝である。

　実験を行った研究の場合、**対照実験が、その主張が否定される可能性の検討になる**。たとえば例 1.8（p.21）では、「スポーツドリンクを飲む」に対して「普通の水を飲む」が対照実験である。どちらの水を飲んでも結果に差がないのなら、「スポーツドリンクを飲むと良い」という主張を否定することができる。

3.4　他の主張に比べ、その主張の方が確からしい

　取り組んだ問題に対する解答候補は複数ありうる。たとえば、なぜ、日本代表は強いのかという問題に対して、「寿司のおかげ」という解答候補以外にも、「サーロインステーキのおかげ」「温泉のおかげ」などもありうる。ならば当然、解答候補それぞれを比較検討する必要がある。**研究とは、複数の解答候補の中から、最も確かなものを選び出す行為**なのである。日本代表の強さに関するデータ・事実に最も合致するのはどれなのか。どの解答候補にも、データ・事実と非常によく合致する部分、あまり合致しない部分がありうる。こうしたことを総合評価して、「寿司のおかげ」がもっともらしいと判定できるのか。もしそうなら、

「寿司のおかげ」の説得力は増す。このように、あることを主張したいのならば、データ・事実に照らし合わせ、**他の主張よりもその主張の方が確からしいことを示す必要がある**。

　何かを提案する探究活動の場合、一番良い案を提示したいはずである。一番良いとはつまり、他の案と比較してそれが一番ということである。そのためには、複数の案を比較検討する必要がある。例1.10（p.24）でも、「遺跡を巡りながらのハイキング」や「地引き網を体験し、自分で捕った魚を食べるツアー」など他の振興策と比較し、「筍と鯛の丼・松茸と秋刀魚の丼」が一番良いと示さなくてはいけない。こうした比較なしでは、**一番良いかどうかは不明な、自分が思いついただけの案の提示**で終わってしまうことになる。

　複数の主張を比較する方法は、どれか1つ（または少数）に主眼をおいて検討するか、各主張を同等に検討するかのどちらかになる。前者では、たとえば例1.10（p.24）の場合、「筍と鯛の丼・松茸と秋刀魚の丼」の妥当性を詳細に検討する。そして考察（場合によっては序論）で、「遺跡を巡りながらのハイキング」「地引き網を体験し、自分で捕った魚を食べるツアー」よりも良いという検討を加える。各主張を同等に検討する場合は、研究全体を通して全案を同等に検討していく。実行可能な方を選ぶとよい。

第 4 章

剽窃と捏造を絶対にしない

本章では、これだけは絶対にやってはいけないこと——剽窃と捏造——を厳しく述べる。

要点1.5 剽窃と捏造を絶対にしない

剽窃とは
① 他者の文章等を盗み、自分のものとして書いてしまう行為
② 他者のデータを、自分が取ったかのように提示する行為
③ 人工知能 AI に書かせた文章を、自分が書いたものとしてしまう行為

剽窃に陥らないために
① インターネットの他者の文章をコピーペーストしない
② 人工知能 AI に文章を書かせない

捏造とは
① ありもしないデータ・事実を作り上げる行為
② 都合の悪いデータを書き換える行為

捏造に陥らないために
① 捏造した研究には何の意味もないことを自覚する
② 都合が悪いデータには、何らかの学術的な真実が隠されていると考える

4.1　剽窃を絶対にしない

4.1.1　剽窃とは何か

　剽窃とは、他者の文章等を盗み、自分のものとして書いてしまう行為のことである。本やインターネットの文章をそのまま写したり、文章表現等を部分的に変えてごまかし、本質的な部分はまる写ししたりする行為をいう。他者のデータを、自分が取ったかのように提示することも剽窃である。さらには、人工知能 AI に書かせた文章を、自分が書いたものとしてしまう行為も剽窃である。AI が書く文章は、他者が積み上げてきた知識を元にしたものだ。他者のものを自分の文章としてしまうのだから剽窃にかわりはない。

4.1.2　剽窃を絶対にしない

　決して、剽窃をしてはいけない。剽窃は窃盗であり、つまりは犯罪である。犯罪に手を染めてはいけない。それに加え、自分を鍛える場を放棄してしまう行為でもある。研究を進めてその成果を発表することはとても大変である。しかしそれを経験することで、あなたの能力を高めることができる。自分の力で問題を解決し、重要な情報を発信できるようになる。剽窃をしたら、あなたの能力は何も高まらない。剽窃は、あなたに何の進歩ももたらさないのだ。

　インターネットで他者の文章を見るのは良い。しかし**絶対に、コピーペーストをしてはいけない**。それはもう剽窃の始まりである。コピーペーストをしたものを元に自分なりに書き直す？　いや、それは単に、他者のものとばれないようにするごまかしでしかない。同様に、**AI に書かせた文章を元にしてもいけない**。いくら修正を加えても、AI に書かせた時点ですでに剽窃である。あなたの研究なのだから、あなたの力で一から書き上げなくてはいけない。

4.1.3　参考と引用：剽窃とはまったく異なる行為

　剽窃をしてはいけないというのは、他者が書いたものを参考にするなということではない。参考にしたり引用したりすることは積極的に行ってよい（第5部第9章参照；p.218）。これらの行為は剽窃とはまったく異なる。他者の成果として尊重しつつ、自分の研究に活かす行為である。他者のものを自分のものとして盗んでしまったら剽窃ということである。

4.2　捏造も絶対にしない

　捏造は、ありもしないデータ・事実を作り上げたり、都合の悪いデータを書き換えたりする行為のことである。つまり、嘘のデータ・事実を本当のものとして提示する行為である。他者を騙す行為であり、嘘の成果を信じ込ませる行為である。

　捏造も絶対にやってはいけない。嘘のデータ・事実が一人歩きし、間違ったことが「事実」として広まってしまうかもしれない。誰かがそれを元に新たな研究を始めてしまうかもしれない。

　都合の悪いデータが出たので、書き換えてしまいたい？　しかし、そんなことをして何の意味があるのか？　都合が悪いデータには、何らかの学術的な真実が隠されているかもしれないのだ。そうしたデータを含めて解析することにこそ学術的な価値があると思ってほしい。

　同様に、「外れ値」として都合の悪いデータを除いてしまうのも駄目である（第3部2.2節参照；p.78）。こうした行為も恣意的なデータ操作であり、捏造の一種である。

第2部
研究の進め方

第2部では、研究の進め方を説明する。取り組む問題を決め、それに関連する学術的知見を集める。仮説を立て、それを検証する研究計画を立てる。研究計画を実行し、研究成果をまとめる。こうした道程は長く、何度も行き詰まってしまうかもしれない。しかし、やり遂げた先には素晴らしい発見があるはずだ。研究という行為に、挫けることなく挑んでほしい。

第 *1* 章

取り組む問題を決める

本章では、取り組む問題の決め方を説明する。問題を決める上で大切なことは何なのか。取り組むべき問題をどうやって見つけるのか。取り組む問題を決めるときに注意してほしいことも説明する。

要点 2.1 取り組む問題の決め方

その問題の学術的意義を問いかける
① **要点 1.3**（p.8）に沿った説明ができる
② **要点 1.2**（p.2）に当てはまらない

取り組む問題を決める上で心がけること
① 解答の見通しが立つ
② 探究活動・課題研究で実行可能である

1.1　その問題の学術的意義を問いかける

　取り組む問題を決める上で一番大切なことは何か。それは、**その問題の学術的意義を問いかける**ことである。つまり、**要点 1.2**（p.2）に当てはまらず、**要点 1.3**（p.8）に沿った説明ができるかどうかを問いかけることである。研究においては、自分の興味を他者の興味にしなくてはいけない（第 1 部 2.1 節参照；p.8）。そのためには、学術的意義のある問題に取り組む必要がある。そして、その問題に取り組む理由を説明することが求められる。その問題がどうして疑問なのか？　その問題の解決がどうして必要なのか？　学術的意義があるのならば、これらを説明できるはずである。どうしても説明できないならば、それは、学術

的問題となりえない可能性が高い。

　学術的意義の問いかけは、指導教員や、連携大学・研究機関の先生にも相談して行う方がよいであろう。学術的意義を見いだすことはかなり難しいことで、大学生も苦労することなのだ。高校生の段階で、学術的意義を独力で正しく見いだすことは相当に大変と思う。だから積極的に相談しよう。大切なのは、その問題の学術的意義を自身で見いだすことよりも、自身で理解することである。ただし将来的には、自身で見いだすことが求められるが。

1.2　取り組む問題の候補の探し方

　学術的意義を問いかける前に、取り組む問題の候補となるものを見つけなくてはいけない。本節では、その見つけ方について触れておく。

　始めに断っておくと、こうすれば必ず問題の候補が見つかるなどという方法を私は知らない。「苦悶しなさい」としか助言しようがないのが実のところである。ただ、闇雲に苦悶するのではなく、以下の順序で取り組む方が問題の候補を見つけやすいと思う。

> ① 「何か面白いことはないか」と、いろいろ考えたり、インターネットで調べてみたり、教科書・先輩達の研究報告集・書籍等を読んでみたりする。指導教員に相談するのもよい。
> ② 心を惹くものが見つかったら、それに関して情報検索をするなどして、その世界を覗いてみる。
> ③ 改めて、それが本当に面白いのかどうかを考える。
> ④ 面白いと確信したら、それについてさらに深く調べてみる。
> 　（つまらないと感じた場合は ① に戻る。）

　一連の過程で大切なことは、紙（あるいはパソコンやタブレット）にいろいろ書くということである。何か思いついたら、それを紙に書き留めておく。後日読み直すと、そこから新たな発想が生まれるかもしれない。面白そうなことを見つけ、それについて突き詰めて考えるときも、思い浮かんだことを紙にいろいろ書いてみる。そしてそれを眺める。書いた事柄の間の関係を考えてみる。こうする

ことで頭が整理できる。思わぬ関係を発見する可能性もある。**発想とは、紙の上でするものである。**

1.3　取り組む問題を決める上で心がけること

本節では、取り組む問題を決める上で心がけること（**要点2.1：p.30**）を説明する。

1.3.1　解答の見通しが立つ

研究とは、解答できる問題に取り組む行為である。探究活動・課題研究で取り組む問題も、解答できるものでなくてはいけない。むろんこれは、答えのわかっている問題に取り組むという意味ではない。「これこれのことを調べれば解答できる」と見通せる問題に取り組むということである。考えてみればこれは当然のことだ。どうすれば解答できるのかわからない問題には、取り組みようがないではないか。

たとえば、飲酒運転を撲滅するため、「その酒を飲むと、運転する気がなくなる酒の開発」を思い立ったとする。そういう酒ができれば確かに画期的だ。しかしこれは、「どうすればそういう酒を開発できるのか」を説明できない限り、研究の対象とはなりえない。解答の見通しなしには、手の動かしようがないからである。これに対し、「運転者の酒気を検知したら発進しなくなる車の開発」は研究の対象となりうる。「酒気の検知器を車に組み込んで……」といった開発の見通しが立つからである。

1.3.2　探究活動・課題研究で実行可能である

探究活動・課題研究の範囲内で実行可能であることも忘れないようにしよう。時間も研究設備も研究資金も限られているのが、高校の探究活動・課題研究の実情である。あなたが興味を抱いたことを指導教員に早めに話し、あなたの学校で実行可能かどうかを相談しよう。できそうなことの中から、面白いと思うものを探すというのも現実的である。その際は、先輩がどのような研究を行ってきたのかも参考になるであろう。

第 *2* 章

学術的知見を調べる

取り組む問題が決まったら、それに関連する学術的知見を調べる必要がある。この作業は、取り組む問題を決める過程でもある程度は行ったであろう。しかし、より徹底して行う必要がある。とくに、先行研究と呼ばれるもの（2.1.1項で説明）を調べる必要がある。本章では、学術的知見の調べ方を説明する。

要点 2.2 学術的知見

先行研究
◇ 論文や書籍としてこれまでに発表されてきた研究成果のこと
〈調べ方〉
- 国立国会図書館サーチ・CiNii・Webcat Plus・Google Scholar などで検索

先行研究以外のもの
◇ 研究成果を一般向けに解説したもの
◇ 研究に関連する基礎的な情報やデータなど
〈調べ方〉
- インターネットで調べる
  ① 確かな組織（大学・研究機関・学会・公的機関・企業など）が発信しているもの
  ② その分野に精通した個人が実名で書いているもの
  ＊ これら以外のものは、まずは疑ってかかるべき
- 書籍を読む（推奨）

2.1 先行研究を調べる

本節では、先行研究とは何か、そしてその調べ方を説明する。

2.1.1 先行研究とは何か

先行研究とは、これまでに**発表されてきた専門的な研究成果**のことである。先行研究が、その研究分野の知を築き上げてきた。新しい研究は、先行研究を発展させることで生まれる。研究を行う際には先行研究を必ず参照することになる。

先行研究は、その分野の専門家がその分野の専門家に向けて発表する。そして必ず、学術雑誌（専門の論文を載せる雑誌）に掲載されている論文や、専門書として発表される。ただし高校生の研究の場合は、高校の論文集に掲載されている論文も先行研究に含めてよい。

現在では、学術雑誌は、インターネットで公開される電子版へとほぼ完全に移行した。専門書も移行が進みつつある。そのため学術雑誌も専門書も、インターネット上の情報の一部となりつつある。

2.1.2 先行研究の調べ方

先行研究をインターネットで検索することができる。本項で、これらのやり方を説明しよう。

まず始めに、検索のためのサイトを紹介する。URL は、2024年2月現在のものである。各サイトの使い方については、それぞれの利用説明文を参照してほしい。

国立国会図書館サーチ（https://iss.ndl.go.jp）
国立国会図書館が提供している無料検索サービス。日本全国の大学・研究機関・公共機関等が提供している論文・書籍等を検索できる。その論文・書籍をどこで見たり借りたりできるのかも知ることができる。

CiNii（https://cir.nii.ac.jp）
国立情報学研究所が提供している無料検索サービス。日本で出版された論文・書籍を検索できる。その論文・書籍をどこで見たり借りたりできるのかも知ることができる。

Webcat Plus (http://webcatplus.nii.ac.jp)
国立情報学研究所が提供している無料検索サービス。江戸時代前期から今日
まで、日本で出版されてきた書籍の情報を検索できる。

Google Scholar (https://scholar.google.co.jp/schhp?hl=ja)
Google が提供している無料検索サービス。世界各地で出版された、論文・
書籍等を検索できる。その論文・書籍が掲載されているサイトに直接リンク
が繋がっている。

　これらの検索サイトで情報を集め、目当ての論文・書籍を入手することになる。
論文に関しては、その掲載サイトにおいて全文を読むことができる。ただし多く
は有料である。

　残念ながら、高校の論文集は上記サイトで検索することができない。ウェブサ
イトで公開している高校も多いので検索してみるとよい。

先行研究の調べ方のコツ

　調べ方のコツは以下の通りである。

1. 研究テーマに関連する言葉で検索する。
2. 要旨（抄録）を読んで関連性があるかどうかを見る。CiNii および
   Google Scholar ならば、検索すると要旨も表示される。
3. 関連性があるものは、インターネット上で読んだり PDF を手に入れた
   り書籍現物を借りたりする。

論文の場合、その内容を要約した要旨が付いている。本文は有料の論文でも、要
旨は無料で読むことができる。要旨を読んで関連しそうかどうかを判断しよう。
関連するものは、所在を探して PDF や現物を読むようにしよう。

　Google Scholar には「被引用数」という項目がある。それをクリックすると、
その論文・書籍を引用している論文・書籍のリストが現れる。その論文・書籍を
踏まえて行われた研究のリストである。研究のその後の発展を知ることができる
ので、Google Scholar の「被引用数」をぜひ利用してほしい。

2.1.3　先行研究の読み方

　先行研究が手に入ったら、その全文を読むのが理想ではある。しかし難しくて、全文を読むのは大変と思うかもしれない。論文の場合の、ここは読んでほしいという部分を説明しよう。

　頑張って読んでほしいのが序論である。序論には、その研究テーマに関してそれまでにわかっていること、まだわかっていないことがまとめられている。重要な先行研究も紹介されているはずである。序論を読むことでこうした情報を効率良く知ることができる。要旨にはその論文で示したことが書いてあるので、**序論と要旨を読むことで大切なことをほぼすべて理解することができる**。

　余力があるのなら考察も読んでみよう。考察では、その論文で示したことがまとめられている。先行研究からどのように発展したのか、新たにわかったことは何なのかが書いてあるので、その論文の成果をより詳しく知ることができる。

　研究手法を参考にしたい場合は、研究方法の説明部分（「研究方法」「材料と方法」などといった部分）を読むようにしよう。

2.1.4　取り組もうとしている問題が未解決であることの確認

　先行研究を調べるもう1つの目的が、取り組もうとしている問題が未解決である（高校生の知識の範囲内では未解決に思える）ことを確認することである。同じ問題（似た問題）に取り組んでいる先行研究はけっこう見つかると思う。されど、未解決なら問題ない。しかし、解決ずみの場合は取り組む問題を変えるしかない。研究がかなり進んでから解決ずみと判明するのは悲劇である。そうならないためにも、始める前にしっかりと確認しておこう。

2.2　先行研究以外の学術的知見を調べる

　一般向けに、インターネットや書籍で提供されている学術的知見もある。それら自体が研究成果というわけではなく、研究成果が一般向けに解説されたものや、研究に関連する基礎的な情報やデータが提供されたものなどである。これらももちろん参考になる。

　ただしインターネットに関しては、その情報を鵜呑みにしてはいけない。何しろインターネットは誰でも情報発信できる世界である。書き手の名前・経歴を明

かさなくてもよいので、その分野に関してどれだけの知識・経験を持った人が書いているのかわからないものも非常に多い。インターネットの情報で信頼をおけるのは、確かな組織（大学・研究機関・学会・公的機関・企業など）が発信しているものと、その分野に精通した個人が実名で書いているものくらいであろう。他のものは、まずは疑ってかかるべきだ。発信元が不確かな情報は一切読むなというつもりはないが、こうした情報は、いくつものサイトを比較して裏をとるべきである。

　そしてやはり、書籍を読んで学ぶことを推奨したい。情報に対する信頼性という点では、書籍の方がずっと上だからである。なにしろ書籍は、その分野において信頼を得ている人しか出版できないのだ。書籍ならばなんでもかんでも信頼できるわけではないのだが、平均的な信頼度はインターネットをはるかにしのぐであろう。

　書籍を探す場合は、図書館の司書の先生に相談するとよい。図書館にある本を紹介してくれるだろうし、あなたの学校には置いていない本を他の図書館から借りる方法も助言してくれるであろう。

第 *3* 章

仮説を立てる

取り組む問題を決めて学術的知見を調べたら、仮説を立てるという大切なことを行う。本章では、仮説を立てることについて説明する。

要点2.3 仮説を立てる

仮説とは何か
① 取り組む問題に対する解答の予測のこと

仮説を立てる目的
① 結論を支えるのに最善なデータ・事実を得るため

仮説を立てる上で心がけること
① 仮説を立ててから、それを検証するための研究計画を立てる
② 研究計画を立ててから仮説を立てるのは無意味

仮説が不要に思える研究
① 調べてみないと、どんな結論が出るのかわからない研究
　　◇ 明確な結論を想定せずとも、結論を支えるのに最善な研究計画を
　　　立てることは可能

3.1 仮説とは何か

まず始めに仮説とは何かを説明する。仮説とは要するに、取り組む問題に対する解答の予測のことである。たとえば以下のようなものである。

問題：なぜ、日本代表は強いのか？
仮説：寿司を食べているから

問題：生きた状態で植物細胞の分裂を観察するにはどうすればよいのか？
仮説：酵素で細胞壁を分解すれば観察できる

問題：江戸時代、日本とオランダが友好関係を保てたのはなぜか？
仮説：オランダ風説書の影響が大きかった

問題には必ず解答がある。ならば仮説も立てることができるのだ。

3.2 仮説を立てる目的

ではどうして仮説を立てる必要があるのか。それは、**結論（問題に対する解答）を支えるのに最善のデータ・事実を得るため**である。

たとえば、日本代表の強さの秘密を調べることにしたとする。そして、最初から最後まで、思いつくままに闇雲に調べたとしよう。研究をまとめる段階になり、調べたことの中から使えそうなデータを並べてみた。

◇ 日本代表の選手は俊敏である。
◇ 日本代表の選手は牡蠣があまり好きではない。
◇ 選手が寿司をたくさん食べた年ほど勝利数が多い。

これらから、寿司を食べて俊敏になったのだろうと想像し、「日本代表が強いのは寿司のおかげ」と結論したとする。ここで、これら3つのデータのことは忘れ、結論の方を改めて見つめ直してほしい。寿司のおかげという結論を導くのに最善のデータは何か？ 以下のようなものを考えるであろう。

◇ 日本代表の選手は俊敏である。
◇ 選手が寿司をたくさん食べた年ほど勝利数が多い。
◇ 日本代表の選手が寿司を絶ったら、俊敏性が落ちて弱くなった。
◇ 他国の選手が寿司を食べたら、俊敏性が増して強くなった。

これらを示す方がずっと説得力がある。闇雲に取ったデータが最善だったなどということは滅多にないのだ。

このように、最善のデータ・事実を得るためには以下を行うことである。

1 仮説を立てる（結論の予測）
2 その結論を支えるのに最善なデータ・事実は何かを考える
3 最善のデータ・事実を得るための研究計画を考える

結論が先にあって、次に、それを支えるためのデータ・事実を考えるという思考である。データ・事実が先にあって、それを見てから結論を考えるという思考とは真逆だ。結論先行ならば、それを支えるためにはどういうデータ・事実が必要なのかを考え抜くことができる。そして、それらを得るために必要な研究計画を立てることができる。期待通りのデータが得られさえすれば、最善のデータ・事実に支えられた結論を提示することができるわけだ。

むろん、期待に反したデータ・事実が出てくることもあるであろう。つまり仮説が外れた。その場合は、1 2 3 をやり直すことになる。当初の仮説が外れたからといって、闇雲に調べる道に走ってはいけない。最善なデータ・事実を得るためには、新たな仮説を立て、それを検証する研究計画を考えることである。

3.3　仮説を立てる順番

仮説を立てる順番を間違えてはいけない。

> **正しい順番**　仮説を立てる → 研究計画を立てる
> **間違った順番**　研究計画を立てる → 仮説を立てる

前者の順番だからこそ、結論を支えるのに最善なデータ・事実を得るための研究計画を立てることができる。後者の順番ではそれができない。仮説を後から立てるというのは、クイズの正解を予想するようなものである。予想したところで、研究の質が向上するわけではない。高校生の研究では後者の順番が多いように感じる。必ず、前者の順番で仮説を立てるようにしよう。

3.4　仮説が不要に思える研究における仮説

仮説が不要に思える研究もある。たとえば以下のようなものである。

> ① ○○地域の植生にはどのような特徴があるのか？
> ② 介護士の仕事はどれだけ厳しいのか？

どちらも、調べてみて始めて結果がわかる問題であり、どういう結果が出るのか予測ができるようなものではない。しかし、こうした研究でも隠れた仮説がある。①では、「△△が多い」が仮説であり、「△△」に何が入るのか（たとえば「常緑樹」なのか「落葉樹」なのか）は不定である。②では、「厳しさの度合いは□□」が仮説であり、「□□」がどれくらいかは不定である。「△△」「□□」に何が入るにせよ、それを支えるのに最善のデータ・事実があるはずだ。そしてそれらを得るための研究計画は、「△△」「□□」の中身によって変わることはない。「△△が多い」「厳しさの度合いは□□」（中身は不定）という形の仮説を立て、どんな結果が出るにせよ、それを支えるのに最善の研究計画を立てるのだと理解してほしい。

第 4 章

研究計画を立てる

仮説を立てたら、具体的な研究計画を立てよう。仮説を検証するための実験・解析・観察・調査等の計画を立てるわけである。本節では、研究計画を立てる上で心がけてほしいことを説明する。

4.1 研究計画を立てる上で心がけること

本節では、研究計画を立てるために心がけてほしいこと（**要点2.4**；p.43）を説明する。

4.1.1 取り組む問題に解答できるものにする

その研究計画を実行すれば、取り組む問題に解答できることが大切である。つまり、期待通りの結果が出ればその問題が解決する研究計画でないといけない。

たとえば、日本代表はなぜ強いのかという問題に取り組み、寿司のおかげという仮説を立てたとする。その検証のために以下の研究計画を立てる。

---

① 日本代表の選手の特徴を調べる。
② 選手が寿司を食べた回数とその年の勝利数の関係を調べる。
③ 日本代表の選手が寿司を絶ったらどうなるのかを実験する。
④ 他国の選手が寿司を食べたらどうなるのかを実験する。

これを実行し、以下のような結果が出たとする。

要点2.4　研究計画を立てる上で心がけること

① 取り組む問題に解答できるものにする

② それが無理ならば、取り組む問題を解答できそうなものに変える

要点2.5　研究方法と、それらを行う上で心がけること

実験・解析・観察・調査等

① 先行研究を参考にする

文献調査

① 先行研究を調べる（2.1節参照；p.34）

② 解析や考察に用いる、基礎的なデータや事実を収集する

アンケート

① 状況の分析等を行うための基礎情報を得る

② 仮説を検証するためのデータを取る

〈上記いずれの目的においても心がけること〉

◇ 母集団のことを反映させる

◇ その回答が、複数の可能性を含まないようにする

◇ すべての可能性を偏りなく導く設問にする

◇ 具体的で、誰もが同じ理解をする設問および回答選択肢にする

◇ 誘導的な言葉を入れない

面談

① 事前にできるだけ調べておき、予備知識を備えておく

② 聞きたいことを整理しておく

③ 研究の目的・狙いを説明する

---

① 日本代表の選手は俊敏である。

② 選手が寿司をたくさん食べた年ほど勝利数が多い。

③ 日本代表の選手が寿司を絶ったら、俊敏性が落ちて弱くなった。

④ 他国の選手が寿司を食べたら、俊敏性が増して強くなった。

これならば、寿司のおかげで俊敏になっており、そのために強くなったと結論できるであろう。このように、期待する結果が出れば問題に解答できる計画を立て

よう。

4.1.2　それが無理ならば、取り組む問題を解答できそうなものに変える

　研究計画を練ってみると、取り組む問題に解答できそうにないと悟ることもあるであろう。そう簡単には解答できない大きな問題を掲げてしまったり、研究の実行可能性を考えずに問題を設定してしまったりした場合にそうなりやすい。この場合は、**取り組む問題を解答できそうなものに変える**ことである。

　たとえば、4.1.1項の日本代表の研究（p.42）で①しか実行できそうにないとわかったとする。しかしこれだけでは、「なぜ、日本代表は強いのか？」という問題に十分に答えることはできない。この場合は、取り組む問題を、「日本代表の選手の特徴は何か？」に変えることである。こうして、取り組む問題に解答できる研究にする。

　元々の問題に固執してしまい、問題の変更になかなか踏み切れないかもしれない。実際のところ高校生の研究では、元々の問題を解決しようとして時間の大半を使い、ほとんど結果が出ずに終わってしまうことがある。そうならないためにも、ためらわずに問題を変更しよう。問題が小さくなってしまい、自分の研究の価値が下がると思うであろうか。いや、**一歩の前進も立派な研究**である。その設定変更した問題を解決することで、元々の問題の解決も見えてくると思ってほしい。

4.2　研究手法

　本節では、問題解決のための研究手法を説明する。

4.2.1　実験・解析・観察・調査等

　実験・解析・観察・調査等は、理系の研究の多くや文系の研究の一部で行うことになる。理系の研究の場合、理科実験で行っているようなことを行う。数学や物理の研究では数理的な解析も行うであろう。文系の研究の場合は、人を対象とした実験が中心となる。たとえば、単語の記憶を、就寝前に行う場合と起床後に行う場合のどちらが良いのかといった実験である。

　こうした実験・解析・観察・調査等を行う場合は、**先行研究等で行われている方法を参考に**しよう。何も参考にせずに行うと、とんでもない失敗をすることに

なりかねない。

　対照実験（第1部3.2.2項参照：p.20）を行う必要がある研究も多いはずである。その場合は、どういう対照実験を行えば他の要因の影響を排除できるのかをしっかりと考えてほしい。

4.2.2　文献調査

　文系の研究では、文献調査（インターネットや書籍を対象としたもの）が中心となることが多い。文献から、解析や考察に用いるための基礎的なデータや事実を収集するわけである。たとえば、日本の人口推移はどうなっているのか、職種別の労働時間はどうなっているのかなど、さまざまな基礎情報を文献から得る。

4.2.3　アンケート

　アンケートを行う目的は2つある。1つは、状況の分析等を行うための基礎情報を得ることである。もう1つは、仮説を検証するために必要なデータを取ることである。それぞれについて説明しよう。

状況の分析を行うための基礎情報を得る

　基礎情報として、人々がどういうことを考えているのかや、どういうことを欲しているのかを知るためにアンケートをすることがある。その結果を踏まえて、何らかのことを行い結論を導く。たとえば、「○○町の観光推進案を提言する」という研究では、人々がどういう観光を欲しているのかを知る必要がある。そのためにアンケートを行い、人々の要望に関する基礎情報を得る。それを踏まえて観光推進策を提言するといったことを行う。

仮説を検証するために必要なデータを取る

　仮説を検証するためにはデータが必要だ。文系の研究では、こうしたデータ取りをアンケートによって行うことも多い。理系の研究で、実験・観察・調査等でデータを取るのと同じである。たとえば、「なぜ、カタカナ語を使うのか」という問題に取り組み、「格好良さそうに見えるから」という仮説を立てたとしよう。そしてこんなアンケートをする。

> あなたは、A, B それぞれの組合せのどちらの言葉を使いますか？　①②③④
> のそれぞれについて回答してください。
>
> A.「プロセス」と「過程」
> B.「プライオリティ」と「優先順位」
>
> ① SNS（他者に訴えたい）
> ② 個人的な日記（他者に見せない）
> ③ 中学生向けの宣伝文（何かに勧誘するなど）
> ④ 中学生向けの説明文（使い方の説明など）

②よりも①で、④よりも③でカタカナ語の使用頻度が上がるのなら、格好良く見えるからを支持するデータとなる。

　上記2つのいずれの目的においても守ってほしいことがある。以下で説明しよう。

母集団のことを反映させる

　母集団とは、あなたが調べたい対象の全構成員のことである（第3部1.2節参照；p.69）。たとえば、高校生のカタカナ語利用を調べたいのなら、全高校生が母集団である。

　あなたは、母集団のことを調べたい。しかしながら、母集団の全員にアンケートを行うのは無理である。そのため、一部を対象にアンケートを行い、その結果から母集団のことを推定する。

　この推定のために大切なのは、アンケート結果が、母集団の状況を反映していることである。そのために心がけてほしいことが2つある。第一に、できるだけ多くの人からアンケートを取ることである。多いほど、母集団を反映したものになりやすいことは直感的にもわかるであろう。第二に、母集団の構成を反映するようにアンケート対象を選ぶことである。高校生におけるカタカナ語利用を調べるのなら、女子：男子＝1:1になるように選定する。女子ばかりであったら、「高校生」というよりも「女子高校生」についての研究になってしまう。

その回答が、複数の可能性を含まないようにする

　その回答が、複数の可能性のどれに当てはまるのか曖昧ではだめである。たとえば、「カタカナ語を使うのは格好良く見せるためである」という仮説を検証するとする。その際、以下のような聞き方をしてはいけない。

> **悪い設問**
> 格好良く見せたいときにカタカナ語を使いますか？
> 回答の選択肢：「はい」「いいえ」

「いいえ」ならば仮説は否定される。しかし、「はい」だからといって仮説が肯定されるわけではない。どんな文章でもカタカナ語を使う人がいれば、そのような人も「はい」を選択しやすいからである。

すべての可能性を偏りなく導く設問にする

　アンケートの設問を、すべての可能性を偏りなく導くものにする必要がある。仮説を肯定する回答も否定する回答も偏りなく出るようにしよう。たとえば以下のようにである。

> **良い設問**
> カタカナ語利用に関して、あなたは以下のどれに当てはまりますか？
> ① どんな文章でも使う
> ② 格好良く見せたい文章で使う
> ③ わかりやすくしたい文章で使う
> ④ その他の目的で使う（自由記述）
> ⑤ どんな文章でもあまり使わない

これならば、色々な利用法を分離できるであろう。

具体的で、誰もが同じ理解をする設問および回答選択肢にする

　回答者によって、設問や回答選択肢の捉え方が異なってしまってはいけない。設問は、わかりやすく明確なものにしよう。回答の選択肢の設定も大切である。

> **悪い選択肢**
> そう思うかどうか、1から5の5段階（大きいほど強く思う）で答える。

これでは、1から5の捉え方が回答者によって異なりうる。

> **良い選択肢**
> 「強くそう思う」「そう思う」「どちらともいえない」「思わない」「まったく思わない」のどれかを選ぶ。

これならば、どの回答者も同じように捉えてくれるであろう。

誘導的な言葉を入れない

　設問を中立にしよう。何らかの回答に誘導してしまうような文を入れてはいけない。

> **悪い設問**
> カタカナ語は格好良いという風潮を良しとしますか？

「風潮を良しとしますか？」という否定的な印象を与えやすい言葉を使うと、回答も否定的になる可能性がある。

> **良い設問**
> カタカナ語は格好良いと思いますか？

これならば、回答者に先入観を与えないであろう。

4.2.4　面談

　直接面談して話を聞くこともあるであろう。たとえば、介護士の仕事はどれだけ厳しいのかを調べるために、介護士さんに面談するといったことである。

　面談の際に心がけてほしいことが3つある。

① 事前にできるだけ調べておき、予備知識を備えておく
② 聞きたいことを整理しておく
③ 研究の目的・狙いを説明する

　① 予備知識なしに面談をしてはいけない。それでは、話の内容を理解できないかもしれない。面談相手は、基本的なことを一から説明するという余計な手間をとられることになってしまう。そして、あなたのやる気や誠意を疑うであろう。その面談相手でないと聞くことができないことを聞きにいくのだ。調べればわかるようなことを聞いてはいけない。

　② あなたの研究を遂行するために、面談相手から聞きたいことを整理しておこう。そうでないと、大切なことを聞きそびれてしまうかもしれない。

　③ 研究の目的・狙いを説明しよう。そうすることで、どうしてあなたがそのことを知りたいのかを理解してもらう。質問の狙いを理解してくれれば、あなたが知りたいと思っていることに沿った返答をしてくれるであろう。

## 第 5 章

研究計画を実行する

いよいよ研究の実行である。本章では、その際に忘れずに行ってほしいことを説明する。研究が行き詰まった場合の軌道修正についても説明する。

要点2.6 研究ノートの付け方

研究ノートを付ける目的
① 得たデータを解析したり、収集した事実を分析したりするため
② 改良のヒントとするため
③ 論文執筆・プレゼンの準備のため
④ 皆で情報を共有するため

記録すべきこと
① それを行った日付
② それを行った目的（主目的と副次的目的）
③ 設定・方法の詳細
④ 得たデータ・収集した事実のすべて
⑤ 気づいたこと・議論したこと・今後行うべきこと等

記録の取り方
① ノートに記録する（レポート用紙やルーズリーフでは散逸しやすい）
② 手書きでボールペンで（改ざん防止のため）
③ データ等を書き込んだ記録紙やパソコンでの解析結果は貼り付ける
　（量が多くて無理ならば別途保管）

要点 2.7	解析用のデータの管理

① 表計算ソフト Excel で管理
② データシートを、書き込み用の記録紙としても使う
③ 解析用のファイルとオリジナルのファイルを作る

要点 2.8	研究の軌道修正

① 研究の世界では、軌道修正はごく普通のこと
② 軌道修正がもたらすもの
　　◇ 非現実的で実行不能だった研究を現実的なものにする
　　◇ より面白い研究にする

5.1　研究ノートを付ける

　研究を進める上で必ずやってほしいことがある。それは、**研究ノート（冊子体のもの）を作り、研究記録を正確に録っておく**ということだ。本格的な研究の段階のみならず、予備的な実験・解析・観察・調査等の段階から記録しておいてほしい。研究ノートがないと余計な苦労をすることになる。本節では、研究ノートの付け方（**要点 2.6**；p.50）を説明する。

5.1.1　研究ノートを付ける目的

　まず始めに、研究ノートを付ける目的を説明する。その目的は 4 つある。
　第一に、得たデータを解析したり、収集した事実を分析したりするためである。そのためには、データ・事実を保存しておく必要がある。どういう解析や分析をし、その結果どうなったのかも記録しておく必要がある。
　第二に、実験・解析・観察・調査等の改良のヒントとするためである。実際に実験・解析・観察・調査等をしてみると、なかなかうまくいかなくて苦労することであろう。何度も試行錯誤しながら、ようやくにして成功させるのが普通なのだ。試行錯誤の際に重要なのが研究記録である。記録があるからこそ、次はどこを変えて試行してみるべきかを検討することができる。記録なしには試行錯誤し

主目的　アオキの雌個体・雄個体における
　　　　樹高・幹直径・開花数の調査

副次的目的　予備的に傾向を見てみる

日付　2024.10.25
記録者　仙台 萩
実行者　仙台 萩
　　　　山形 紅

調査地・日時
仙台市青葉山　2024.10.25　晴れ

Excel ファイル名：アオキ.xlsx

	A	B	C	D
1	Sex	Height.cm	Diameter.cm	Flower.number
2	F	121	4.5	65
3	F	105	5.2	55
4	M	89	4.1	64
5	F	156	6.2	132
6	M	67	3.9	26
7	M	98	3.8	37
8	M	115	4.5	60
9	F	140	5.2	83
10	F	162	6.7	145
11	M	125	5.3	92

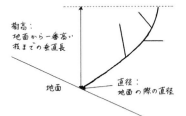

樹高：
地面から一番高い
枝までの垂直長

地面

直径：
地面の際の直径

樹高：メジャーで測定
直径：ノギスで測定

備考
未開花個体は性がわからないので測定しなかった

R用ファイル名：aoki.csv
R命令文ファイル名：aoki.R

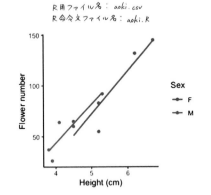

気づいたこと
・雌個体の方が大きい？
・雄雌とも、大個体ほど花が多い

これから行うこと
・もっと個体数を増やす
・他の場所でも調べてみる

図2.1　研究ノートの例

細かい形式は自由でよいので、すべてを徹底的に記録する。ノートに、手書きでボールペンで書く。データ等を書き込んだ記録紙やパソコンでの解析結果は貼り付ける。量が多くて無理ならば別途保管する。

ようがない。

　第三に、論文を執筆するときや、プレゼンの準備をするときの拠り所とするためである。論文・プレゼンで、方法の説明や結果の説明を正確に行うためにも、正確に記録を録っておく必要がある。

　第四に、皆で情報を共有するためである。グループで研究をしている場合は、メンバー間で情報を共有する必要があるし、指導教員や、連携大学・研究機関の先生とも情報を共有する必要がある。個人で研究をしている場合も後者の共有は必要だ。これらに加え、後輩と情報共有する必要がある場合もある。1つの研究課題を引き継いで行っていく場合だ。不確かな情報を伝えないためにも、正確に研究ノートを付けておく必要がある。

5.1.2　研究ノートに付けるべきこと

　研究ノートの絶対条件は、それを読めば、**その実験・解析・観察・調査等を完璧に再現できる**ことである。そうでないと記録としての意味がない。それに加え、それを行った目的と結果がわかるようにしておくことも大切だ。つまり、何のためにそれを行ったのか、何を改良しようとしたのか、そして、その結果どうなったのかもわかるようにする必要がある。統計処理などの解析をするために、データを完璧に保管しておくことも必須だ。以下で、これらのための具体的な方法を説明していこう。

　研究記録は、ノートへの記録を基本とし、パソコン・タブレット等の電子媒体への記録も必要に応じて行う。電子媒体に記録する場合はバックアップも忘れないようにしよう。個人研究の場合は、その個人が研究記録を管理する。グループ研究の場合は、グループで1つのものを管理すればよいであろう。

　研究ノートは、誰が読んでもわかるようにしよう。そうでないと、皆で情報を共有することができない。いや、数か月後に自分で読み返したときに、書いた当人でもわからないという事態もありうるのだ。**研究ノートはメモではなく記録で**ある。このことを強く意識しよう。そして、内容を整理し、綺麗な字で書くようにしよう。

　記録すべきことは以下の5つだ。

①それを行った日付　記録としてもちろん重要だし、一連の研究過程の中での位

置づけ（どういう流れの中でそれをやったのか）を知る上でも重要となる。

②それを行った目的（主目的と副次的目的）　目的には、主目的と副次的目的を書こう（場合によっては主目的のみでもよい）。主目的とは、その実験・解析・観察・調査等のそもそもの目的である。たとえば、アオキ（雌雄異株の植物で、雌個体と雄個体がいる）の雌個体・雄個体における、樹高・幹直径・開花数の比較のための調査ならば、この比較が主目的である。副次的目的とは、主目的を達成するために行う個々の行為のことである。基礎的なことを調べたり、失敗した点の改良を加えて新たに試したりと、試行錯誤をしながら少しずつ研究は進む。たとえばアオキの研究では、予備的な調査をして雌雄での違いの傾向を知ることも副次的目的の一つとなる。

③設定・方法の詳細　実験・解析・観察・調査等を行った場合は、その詳細な方法（実験や調査の手順、使用した薬品とその濃度など）や、データ解析の方法等を書く。文系の研究で、文献等から基礎的なデータや事実を収集した場合も、検索方法や調べた文献などを記録しておく。

④得たデータ・収集した事実のすべて　これらをすべて記録しておこう。結果を取捨選択して、「良いもの」だけを残すなどということをしてはいけない。データ・事実1つ1つを記録し、設定・方法と対応づけるようにしておくべきである。そうすれば、どういう設定・方法だとどういう結果になるのかがわかる。

　記録紙（5.2.2項参照；p.57）にデータ等を書き込んだのなら、それら記録紙を研究ノートに貼り付ける。枚数が多くて貼附が無理ならば別途保管する。

　統計処理などの解析を加える場合には、パソコンの表計算ソフトExcelにもデータを保存するようにしよう（5.2.1項参照；p.55）。保存したファイル名を研究ノートに書いておく。

　データを統計解析したのなら、その結果を研究ノートに貼り付ける。解析対象としたデータファイル名やRの命令文のファイル名（第3部第5章参照；p.100）も書いておくようにしよう。

⑤気づいたこと・議論したこと・今後行うべきこと等　これらは、改良点を考えるときに役立つであろう。研究を新しい方向へと発展させる手がかりともなりうる。心がけてほしいのは、後回しにせずにすぐにその場で記録することである。

時間が経ってから書こうとしても、「何か思いついたはずだ」で終わってしまう
やもしれないのだ。

5.2　解析用のデータの管理

　データの多くは、統計処理などの解析を加えることになる。本項では、こうし
たデータの管理の仕方（**要点2.7**；p.51）を説明する。

5.2.1　表計算ソフトExcelで管理

　解析用のデータは、Excel などの表計算ソフトに入力して管理しよう。データ
は、何らかの属性・処理のものから何らかのデータを得たものになっているはず
である（**図2.2〜図2.4**を参照）。こうしたデータを1枚のシートに丸ごと入
れる。まったく違ったデータセットがあるのなら、それらは、同じファイルの別
シートに入れる。

　シートの各先頭行に、そのデータの属性・処理内容と測定項目を書き入れる
（**図2.2〜図2.4**）。属性・処理内容とは、調査地・対象の性質（種や性など）・
実験処理条件などのことである。測定項目とは測定したデータのことである。こ
れらを、1つの対象ごとに1行に並べる。複数の個体等からデータを取ったのな
ら、1行に1個体のデータを並べる（**図2.3**）。複数回の繰り返し実験を行った
のなら、1行に1回の実験結果を並べる（**図2.4**）。

	A	B	C	D	E	F	G	H
1	属性・処理1	属性・処理2	属性・処理3	測定項目A	測定項目B	測定項目C	測定項目D	測定項目E
2								
3								
4								
5								
6								
7								
8								

図2.2 Excel でのデータ管理の基本的な雛型

あなたは、何らかの属性・処理のものを対象に何らかの測定をし、データを得たはずであ
る（**図2.3, 図2.4**の実例を参照）。属性・処理を書き込む列と測定項目を書き込む列を作
る。1セットのデータを1枚のシートに丸ごと入れる。印刷して記録紙として使う場合は、
各セル（書き込む部分）の枠を囲む罫線を描き、各セルの領域がわかるようにする（罫線
を描かないと、枠と枠の境界線のないものが印刷されてしまう）。

	A	B	C	D	E	F	G
1	調査地	種	性別	樹高(cm)	幹の直径(cm)	開花数	果実数
2	仙台	アオキ	雄	143.5	2.5	116	80
3	仙台	アオキ	雄	125.4	2.6	126	88
4	仙台	アオキ	雌	110.3	2.3	109	62
5	仙台	アオキ	雌	90.3	1.9	88	26
6	仙台	ヤナギ	雄	156.3	2.8	186	105
7	仙台	ヤナギ	雄	147.2	2.3	135	101
8	仙台	ヤナギ	雌	195.2	3.3	205	163
9	仙台	ヤナギ	雌	120	2.5	135	86
10	山形	アオキ	雄	155.9	3	204	136
11	山形	アオキ	雄	164.5	2.8	150	102
12	山形	アオキ	雌	148.3	2.6	136	68
13	山形	アオキ	雌	205.2	3.5	116	56
14	山形	ヤナギ	雄	152.3	2.7	151	102
15	山形	ヤナギ	雄	174.1	3.1	179	101
16	山形	ヤナギ	雌	150.6	2.7	136	98
17	山形	ヤナギ	雌	125.3	2.3	88	60

図2.3 調査・観察を行った場合の Excel でのデータ管理の例

１つの対象（個体等）から得たデータを１行に並べる。アオキ・ヤナギを対象に色々な項目を測定した架空例。調査地・種・性別が属性で、樹高（cm）以降が測定項目。

	A	B	C
1	板の種類	メッキ温度(℃)	増減量(g)
2	ニッケル	30	−0.301
3	ニッケル	30	−0.298
4	ニッケル	45	−0.285
5	ニッケル	45	−0.283
6	ニッケル	60	−0.282
7	ニッケル	60	−0.282
8	銅	30	0.305
9	銅	30	0.308
10	銅	45	0.284
11	銅	45	0.281
12	銅	60	0.293
13	銅	60	0.296

図2.4 実験を行った場合の Excel でのデータ管理の例

１回の実験結果を１行に並べる。ニッケル・銅でメッキの実験をした架空例。板の種類・メッキ温度（℃）が属性・処理で、増減量（g）が測定項目。

5.2.2 データシートを、書き込み用の記録紙としても使う

こうしたデータシートを、実験・解析・観察・調査等を始める前に作っておこう。そして、属性・処理内容や測定項目の名称だけが書き込まれた状態のもの（**図2.2**のように：データ等は未入力）を印刷し、データの記録紙としても使おう。このとき、各セル（書き込む部分）の枠を囲む罫線を描き、各セルの領域がわかるようにする。そうすると、書き込み欄が明確になって便利である（罫線を描かないと、枠と枠の境界線のないものが印刷されてしまう）。この記録紙に、実験・解析・観察・調査等をしながらデータを書き込んでいく。そして終了後に、パソコン上のファイルにデータを入力する。紙上とパソコン上とでデータの位置が対応しているので、入力も楽にできるはずである。記録紙は、原本として保管する。その際、日付・実行者・記録者等を書き込んでおく。これらがないと、後で確認したくなったときに困ることになる。

5.2.3 解析用のファイルとオリジナルのファイルを作る

パソコンのファイルができたら、複製をして、解析用のファイルとオリジナルのファイルを作ろう。そして解析は、解析用のファイルのみで行い、**オリジナルのファイルには一切手を加えない**でおく。これは、解析用のファイルを復旧しやすくするためである。データにいろいろな解析を加えているうちに、元データの状態がわからなくなったりするのだ。たとえば、一部のデータを別の場所に移して特別な解析を加えたり、単位を変えようと10倍したりとかしているうちに、何がなにやらわからなくなってしまう。うっかりデータ消失することもある。こうした場合に備え、手付かずのファイルを保管しておくのである。

5.3 研究の軌道修正

立案した研究計画を実行しようとしたけれど、どうしてもうまくいかないこともあるであろう。あるいは、研究を進めるうちに、当初の目的よりも面白いことを見つけてしまうかもしれない。これらの場合は、何らかの軌道修正をすることになる。本節では、軌道修正の意義を説明しよう。

始めに断っておくと、軌道修正は、研究の世界ではごく普通のことである。当初に思い描いた通りに進む研究などそうそうないのだ。あなたの研究に軌道修正

が必要になったとしても、気に病む必要はない。

　軌道修正は、あなたの**研究をより良きものにする好機**である。なぜならば軌道修正は、以下のどちらかをもたらしうるからだ。

> ① 非現実的で実行不能だった研究を現実的なものにする
> ② より面白い研究にする

　それぞれについて説明しよう。

5.3.1　非現実的で実行不能だった研究を現実的なものにする

　いくら試行錯誤を重ねても実験・解析・観察・調査等がうまくいかなかった場合、それはそもそも、（高校の研究の範囲内では）非現実的で実行不能なものであったのだ。研究計画は机上のものである。予備的なことを行っているとはいえ、本格的に研究を始めてみると、どうしたって想定外のことが出てくるであろう。それを修正して、実行可能な実験・解析・観察・調査等に変更する。こうした軌道修正は確かな前進である。たとえば、プラスチック製品を溶解して化学繊維を取りだし、布を作る方法の開発を目的に研究を始めたとする。ところが、化学繊維を取り出すところまでは何とかできても、それを糸に紡ぐことがどうしてもできなかったとする。布にする前段階で止まってしまった。ならば、化学繊維を効率良く取り出す方法の開発といったことに目的を変えればよいのだ。実行不能なことに固執するよりも、実行可能なことへと軌道修正する方が生産的である。

5.3.2　より面白い研究にする

　実験・解析・観察・調査等というものは、思わぬ発見のきっかけとなりうるものである。実験途上で奇妙なことに気づいた。何か変な結果が出てきた。予想とは違う結果になってしまった。それらを詳しく調べていくと、より面白い着想や発見に繋がるかもしれない。この場合も、当初の研究目的を捨て、新たな目的を立てるのだ。たとえば、藍染めが濃紺を生み出す理由を化学的に分析することを目的に研究を始めたとする。その実験の最中に、インディゴ（青藍の染料；ジーンズの染色などに使われる）が、不思議な化学反応を起こすことに気づいた。こちらの方が面白いと判断するのなら、その化学反応を解明することに軌道修正す

ればよいのだ。より面白い発見をするために研究を行っているのだから、ためら
う必要はない。

第 *6* 章

研究成果をまとめる

研究も終わりに近づいたら、研究成果のまとめに入らないといけない。その際に大切なことが2つある。1つは、結論を明確にすることである。結論が不明確だと、何を言いたいのかわからない研究になってしまう。もう1つは、取り組む問題と研究内容を一致させることである。両者が一致していることは当然必要なのだけれど、高校生の研究では一致していないことが多いのだ。一致させるためには、得られた結論を元に取り組む問題を決め直すことである。そう言われると違和感を感じる方も多いであろう。取り組む問題は、研究を始めたときに決めていた、あるいは軌道修正をしたときに決め直していたはずだと。本章では、これらのことについて説明する。

要点2.9　研究成果をまとめる上で心がけること

---

① 結論を明確にする
② 取り組む問題と研究内容を一致させる

要点2.10　研究成果のまとめ方

結論を元に取り組む問題を決め直す
　　◇ 取り組んだ問題のことをいったん忘れる
　　◇ 得られたデータ・事実を元に結論を決める
　　◇ 結論に対応するように、取り組む問題を決め直す
　　◇ 取り組む問題から結論に至るまでの話の流れを整理する

6.1　結論を明確にする

　研究とは、何らかの問題に取り組み、その問題に対する解答を示す行為である（第1部1.2節参照；p.4）。つまり、何らかの結論を出す行為である。結論がないと、何を言いたいのかわからない研究になってしまう。

　例を見てみよう。

例2.1　結論が不明確

電解質の変化による燃料電池（＊）の発電効率の比較

【目的】
燃料電池に使用されている電解質の条件を変化させ、流れる電圧を測定することで、どの電解質が最も発電効率がよいか研究する。
（＊エチルアルコール・メチルアルコール・水酸化ナトリウム・塩酸を電解質として電圧を測定した。後者二つに関しては濃度も変えてみた。）

【考察】
・ 中性である C_2H_5OH（＊エチルアルコール）は電流が流れなかった（略）。
・ 仮説で立てたように酸、塩基の強度が強ければ強い電解質ほど多く発電し、発電効率が高い。
・ また、同じ電解質の種類の中にも濃度の違いによって発電効率が変わると考えられる。
＊燃料電池：水素と酸素を化学反応させて発電する電池。その反応には電解質というものが必要。

　この研究では、「どの電解質が最も発電効率がよいか」という問題に取り組んでいる。しかし、これに対する明確な解答（結論）がない。酸・塩基が強いほど良いとあるが、メチルアルコール・高濃度の水酸化ナトリウム・高濃度の塩酸のうちのどれが最も発電効率が良いのかは不明である。そのため、結局どうなのかと思ってしまう。

　研究成果をまとめる上で大切なのは、**取り組んだ問題に対する結論を明確にする**ことである。結論がないものや不明確なものは研究として不完全である。

6.2 取り組む問題と研究内容を一致させる

　取り組む問題と研究内容が一致していることも大切である。その問題に解答するために研究をするのだから当然のことだ。もしも一致していない場合は、取り組む問題を変える必要がある。本節では、これらのことを説明する。

6.2.1 取り組む問題と研究内容の不一致

　研究内容が、取り組んだ問題に解答するものになっていない研究が非常に多い。

① 取り組んだ問題に部分的にしか解答していない
② 取り組んだはずの問題から話が変わってしまっている

以下で、それぞれについて説明する。

取り組んだ問題に部分的にしか解答していない

　例を見てみよう。

例2.2　取り組んだ問題に部分的にしか解答していない

酢で減塩を達成する（＊高校生の研究を元に創作）

【研究目的】　塩分の取り過ぎは健康に良くない。酢を使った食品を食べる生活にすることで、塩分の摂取量を減らすことができるのかどうかを調べた。
【研究内容】　塩分濃度は同じで酢の濃度が異なる液体を飲んでもらった。その結果、酢の濃度が高いほど塩味を感じることがわかった。
【結論】　酢により塩味を強く感じる。

　取り組んだ問題は、「酢を使った食品を食べる生活にすることで、塩分の摂取量を減らすことできるのか」である。だから、塩分の摂取量がどれだけ減るのかまで調べないといけない。しかし実際に行ったことは、酢により塩味を感じるかどうかである。研究目標の前の段階でしかなく、取り組んだ問題に一致した研究内容になっていないのだ。

取り組んだはずの問題から話が変わってしまっている

　研究を進めているうちに話が変わってしまうこともある。実際のところ研究では、**得られた結論が、当初思い描いていた問題とずれている**ことがよくあるのだ。たとえば、「なぜ、日本代表は強いのか」という問題に取り組んだとする。いろいろ調査・実験をして、「寿司を食べているからである」という結論が出たのならよい。問題に対する解答になっているからだ。しかし場合によっては、「寿司のおかげでお肌つるつるである」という結論になってしまうこともありうる。寿司の効果の一環として皮膚の新陳代謝を調べているうちに、美肌効果を検出してしまったというわけである。しかしこれでは、取り組んだ問題と研究内容が一致していない。

6.2.2　結論に合わせ、取り組む問題を変える

　研究内容がまとまったら、取り組んだ問題と結論が一致したものになっているのかどうかを確認しよう。一致していなかったら、**結論に合わせて取り組む問題を変える必要がある**。そして、取り組む問題と結論を対応させる。変えるのは取り組む問題で、結論ではない。得られたデータ・事実がそのままならば、それらから導かれる結論は不変であるはずだ。

　例2.2（p.62）と、上記の日本代表の例は以下のように変えよう。

　問題：酢により塩味を強く感じるのか？
　結論：酢により塩味を強く感じる

　問題：日本代表のお肌はなぜつるつるなのか？
　結論：寿司を食べているから

6.3　研究成果のまとめ方

　取り組む問題を結論に対応させ、研究成果をまとめる手順（**要点 2.10**；p.60）
を説明しよう。

6.3.1　取り組んだ問題のことをいったん忘れる

　データ・事実を吟味する際に心がけることは、取り組んだ問題のことを頭から
追いやることである。「こういう問題を解決しようとした」「こういう狙いで研究
を進めてきた」といった思いを断ち切ってしまうのだ。そうすることで、偏見な
くデータ・事実に向き合おう。そして、そのデータ・事実から結論できることを、
しがらみなしに追求しよう。

6.3.2　得られたデータ・事実を元に結論を決める

　しがらみを消したら、得られたデータ・事実の吟味に入る。それらデータ・事
実を元に論理展開するとどのような結論を導くことができるのか。日本代表の研
究を例に、結論を決める手順を紹介しよう。

例 2.3　なぜ、日本代表は強いのか：勝利を呼ぶ寿司仮説の検証

【**得られたデータ**】
① 日本代表の選手は俊敏である。
② たくさん寿司を食べた年ほど勝利数が多かった。
③ 日本代表の選手が寿司を絶ったら、俊敏性が落ちて、その後の試合での勝
　利数が減った。
④ 他国の選手に寿司を食べさせたら、俊敏性が増して、その後の試合での勝
　利数が増えた。

　やるべきことは、データ・事実から得られる結論と、それを導く論理を構築す
ることである。日本代表の研究の場合、結論はこうなる。

【**結論**】日本代表が強いのは寿司を食べているから。

これを導く論理は**図 2.5** のようにまとめることができる。

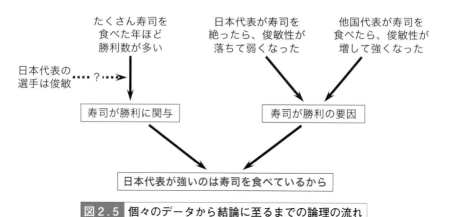

図2.5 **個々のデータから結論に至るまでの論理の流れ**

日本代表の強さに関する架空の研究の例。

　あなたのデータ・事実を使って、個々のデータ・事実から結論に至るまでの論理の流れを整理してみよう。この作業は、論理の流れを紙に（あるいはパソコンやタブレットを使って）描いて行うべきである。頭の中だけで行うと問題点を見落としてしまう可能性があるからだ。整理にあたっては、「データ・事実 → 結論」という方向で考えるだけでなく、「**結論 → それを支えるデータ・事実**」**という逆向きの思考をすること**も有効だ。結論をまずおいてしまって、それを支えるのに必要なデータ・事実はどれなのかと考えていくわけだ。論理的欠陥が見つかったら、論理の流れや結論を考え直す必要がある。時間が許す範囲で、データの再解析等を行うことになるかもしれない。こうして、**図2.5**のような論理図を完成させる。それが、あなたの研究の結論である。

6.3.3　結論に対応するように、取り組む問題を決め直す

　結論が決まったら、取り組んだ問題に照らし合わせよう。当初思い描いていた問題と結論が対応しているのならよい。しかし、両者がずれていることもある（6.2.1項参照；p.62）。この場合は、上述したように問題の方を変える。**取り組む問題を結論に合わせてしまうのだ**。たとえば、「① 日本代表の選手は俊敏である」という結果しか得ることができず、②③④には至らなかった場合は、「日本代表の選手の特徴は何か？」という問題に変える。

　論文・プレゼンでは、あたかも始めから、その決め直した方の問題に取り組ん

でいたことにしてよい。なぜならば研究発表は、あなたが知り得たことを他者に
簡潔に伝えるために行うものだからである。それを知るに至るまでの紆余曲折を
伝えるために行うのではない。紆余曲折は、他者にとっては無駄な情報でしかない。

6.3.4　取り組む問題から結論に至るまでの話の流れを整理する

　取り組む問題を決め直したら、そこから結論に至るまでの話の流れを整理し直
そう。あなたがやった実験・解析・観察・調査等のうちの多くのものが、この話
の流れに乗っていないであろう。それらは論文・プレゼンでは使わない。**論文・
プレゼンでは、やったことの一部のみを示すことになるのが普通である。**「せっ
かくやったのだから」「やったことは事実なのだから」「自分たちの思考過程はこ
うだったのだから」などという理由で、無駄なデータ・事実を載せてはいけない。
無駄なものは、せっかくの論文・プレゼンをわかりにくくするだけである。

6.4　否定的な結果しか出なかった場合の対処法

　一所懸命に頑張ったのだけれど、データ・事実がまったく得られなかったとか、
何かが結論できるようなデータ・事実を得られなかった場合もあるであろう。否
定的な結果しかなく、取り組む問題を決め直すどころではない。こうした場合に
どうすべきかを最後に述べておく。

　こうした場合は、「わからなかった」「うまくいかなかった」と締めればよい。
これらとて立派な「結論」と思ってよいのだ。あなたは、（おそらく）研究とい
うものを初めて行った。努力の末に失敗に終わったのなら仕方ないではないか。

　こうした場合、取り組む問題は、当初に設定したものそのままにしてよい。研
究計画をきちっと練ったのなら、行おうとした実験・解析・観察・調査等は、そ
の問題を解決するためのものになっているはずだからである。そして、その問題
の解決に取り組んだのだけれどうまくいかなかったという筋立てにする。

　結論の代わりに、失敗した原因やその改善法を述べる。こうした考察はとても
大切である。あなたに求められているのは、結果を学術的に考察する力なのだ。
研究がうまくいった場合は、結果から結論を正しく導く考察をする。うまくいか
なかった場合はその原因を考察する。どちらも同等に大切な力である。**失敗の原
因をきちっと考察できているのなら立派な研究**と思ってよい。

第 **3** 部
データの解析と提示

　第3部では、データの統計的解析と提示の仕方を説明する。実験・解析・観察・野外調査・文献調査・アンケート調査などを行い何らかのデータを取ったら、それらを統計的に解析する必要がある。数学以外の理系の研究のほとんどで、こうした解析が必要になるであろう。文系の研究でもデータ解析を行うものもある。

　ここで紹介するのは統計のほんの基本である。統計は非常に難しく奥が深い。かたや、Excel の命令文を使うと解析結果が出てきてしまう。それらの適用条件を知らずに利用すると、とんでもない失敗をすることになる。だからまずは、第3部を読んで統計の基本を理解し、ついで、統計の入門書に挑戦してほしい。

　そうは言っても第3部は、高校生の読者には難しいかもしれない。高校で学ぶレベルを超えたことが出てくるためである。だから、難しいと感じたら読み飛ばしてもかまわない。ただし、指導教員の方は、きちっと読みこなして生徒さんを指導できるようになってほしい。

　データの提示と解析には、R という作図統計ソフトを使うことを強く奨める（第5章参照；p.100）。第3部で行っている統計計算と作図もすべて R によるものである。共立出版ウェブサイトの本書紹介ページ内の「関連情報」(https://www.kyoritsu-pub.co.jp/book/b10041425.html) に、R の使い方および第3部の解析と作図の実行方法を載せている。高校生にも理解できるようわかりやすく書いているので、ぜひ参照してほしい。

　データ解析をしない研究の場合は、第3部を読み飛ばしてもかまわない。

第 1 章

データ解析の前に

本章では、データ解析を本格的に始める前に知っておいてほしいことを説明する。データには2種類あるということと、重要な概念である母集団と標本の説明をする。

要点3.1　2種類のデータそれぞれの解析目的

	唯一の真の値がある対象	データの値がそもそもばらつく対象
解析の大目的	真の値の推定	母集団でのデータの値の分布状態の解析
具体的な目的	・条件に依存した真の値の変化	・母集団間での、データの平均値や中央値の比較 ・母集団内での、着目するデータ間の関係性の解析 ・母集団内での、着目する1種類のデータの分布状態の解析
示すもの	・平均±標準誤差	・平均±標準偏差 ・中央値（第1四分位数−第3四分位数） ・2種類のデータ間の依存性や相関関係 ・1種類のデータ内での分布の偏り具合

要点3.2 母集団と標本

母集団：調べたい対象の全体
標本：実際に調べた対象
母集団の中から標本を取り、母集団の状態を推定する

1.1 データには2種類ある

あなたがデータを取る対象は2つの種類に分けることができる。

1つは、唯一の真の値があって、データの値は常に同一になるはずのものである。たとえば、ある瞬間のあなたの身長は1つの値に決まるはずである。落下する物体の1秒後の速度も（他の条件が同じならば）1つに決まる。ペットボトルロケットの飛行距離も、ロケット構造・水の量・発射角度・気象条件等が同じならば1つに決まる。このような唯一の真の値を持つはずの対象は、物理や化学などの研究で扱うことが多いであろう。

もう1つは、唯一の真の値などなく、データの値がそもそもばらつくものである。たとえば、人間の身長は人さまざまである。1匹のメダカが産む卵の数は個体間で異なる。人間の記憶力には個人差があるので、記憶力検査の結果もばらつく。こうしたばらつきは、測定した相手（個体）の個性によって生じる。生物や文系の研究では、そもそもばらつく対象を扱うことがほとんどであろう。

これら2つでは、データ解析の目的と提示すべきものが異なる（**要点3.1**；p.68）。第2,3章で、それぞれにおけるデータの解析と提示の仕方について説明する。

1.2 母集団と標本

データ解析における重要概念である、母集団と標本というものを説明する。この2つの概念は、上述の2種類のデータのどちらにおいても用いられるものである。

1.2.1　母集団とは

　母集団とは、調べたい対象の全体のことである。メダカの体長を調べたいのならメダカ全体が母集団となる。高校生の記憶力を調べたいのなら全高校生が母集団となる。大根の栄養成分を調べたいのなら、流通しているすべての大根が母集団である。ただし母集団は、あなたが何を調べたいのかによって変わりうる。たとえば、東北のメダカと九州のメダカの体長を比べたいのなら、東北のメダカ全体および九州のメダカ全体がそれぞれの母集団となる。産地間で大根の栄養成分を比較したいのなら、各産地の全大根が各産地の母集団となる。

　母集団という概念は、実験を行う場合にも登場する。たとえば、高校生を対象に記憶力実験を行ったとしよう。実験の被験者が20人であったとしても、背後には、実験対象となりうるたくさんの高校生がいる。母集団は高校生全体である。同様に、ペットボトルロケットの飛行距離を調べるために発射実験を10回行ったとする。この実験は、原理的にはほぼ無数回行いうるものであり、この、ほぼ無数回の実験が母集団である。

1.2.2　標本とは

　標本とは、実際にデータを取った対象のことである。あなたは、ある母集団を対象に何らかのことを調べたい。しかし母集団は通常、非常に多くの構成員からなる。そのため、全構成員を調べるのは不可能である。たとえば、日本の高校生全員の記憶力を調べることなどできやしない。そのため、母集団の中から標本を選ぶ。標本からデータを取り母集団の状態を推定するというのが通常の方法である。

第 *2* 章

唯一の真の値がある対象の解析

唯一の真の値がある場合、知りたいのは当然その真の値である。しかしなぜか、測定するごとに微妙に値が違ってしまうことがある。その原因は、測定機器の精度にあったり、あなたの技術にあったり、どうしても生じる偶然の効果にあったりする。本章ではまず始めに、真の値の推定方法について説明する。ばらつきに関わる重要な概念である標準誤差というものも説明する。ついで、真の値の推定精度を上げるために行うべきことを説明する。そして、データの提示の仕方も説明する。

要点 3.3 | 真の値の推定の仕方

真の値の推定値の示し方
平均 ± 標準誤差

平均 ＝ あなたの測定値の平均

$$標準誤差 = \frac{\sqrt{\frac{\sum_{i=1}^{n}(x_i - \bar{x})^2}{n-1}}}{\sqrt{n}}$$

n；測定値の数
x_i；個々の測定値の値
$\bar{x}$；測定値の平均

「平均±標準誤差」の意味
◇「一連の測定を行い、得られた測定値の平均を計算する」ことを何度も繰り返すと、平均値をたくさん得ることができる。得られた個々の平均値の分布状態を、あなたが得たデータから推定したい。

◇ 平均；個々の平均値の平均（「平均の平均」）の推定値。真の値の推定値である。

◇ 標準誤差；個々の平均値のばらつき具合の指標。「平均 − 標準誤差」から「平均 ＋ 標準誤差」の範囲に、個々の平均値の約 68 ％ が入る。標準誤差が小さいほど、真の値の推定精度が高い。

要点3.4 **真の値の推定精度の上げ方**

---

① 測定精度を上げる
② 測定回数を増やす
③ ミスが疑われる外れ値を解析から除外する

要点3.5 **条件に依存した真の値の変化の解析の仕方**

「平均±標準誤差」の示し方
◇ 点グラフ；1つの点を推定する場合
◇ 棒グラフ；1つの集積量（数量・頻度・割合など）を推定する場合
◇ 表；正確な数値を示したい場合

条件間で、真の値が異なるかどうかの判定
◇ 検定を行う
◇ 検定を行わない場合は以下を基準とする
　・平均の差が大きいほどよい
　・標準誤差の範囲（「平均－標準誤差」から「平均＋標準誤差」の範
　　囲）が重ならず離れているほどよい

2.1　真の値の推定：平均と標準誤差

　測定を複数回繰り返したところ個々の値がばらついていた。こういう場合にあなたはどうするか。まず確実に平均値を出すであろう。しかし、それだけでよいのであろうか。本節では、真の値の推定の仕方（**要点3.3**；p.71）を説明する。

2.1.1　推定値としての、平均値の信頼度

　真の値の推定値として平均値を出す。それ自体は間違っていない。でも、平均値は、真の値の推定値としてどれだけ信頼できるものなのであろうか。まずはこのことを考えてみる。

　たとえば、ある対象の真の値を推定しようと10回の測定を行ったとする。そして平均を計算し、10.24といった平均値を得たとする。さてここで、10回の測定値の中身が以下であったとしよう。

> ### 例3.1
>
> 【測定値】10.57, 9.72, 10.87, 9.45, 7.11, 10.16, 7.55, 14.00, 12.09, 10.88
> 【平均値】10.24

個々の測定値がけっこうばらついている。測定するごとに値が大きくばらつくのなら、出てくる平均値もたまたまその値になったということになる。そのため、「10回の測定をして平均を取る」ということを繰り返したら、そのたびに違う結果になりそうだ。たとえばこんな風にである。

> ### 例3.1の続き
>
> 【測定値】11.09, 10.19, 8.62, 9.22, 10.47, 9.68, 7.60, 7.59, 12.41, 11.83
> 【平均値】9.87
>
> 【測定値】12.49, 12.91, 11.18, 9.74, 8.66, 13.25, 9.36, 8.36, 13.28, 11.91
> 【平均値】11.11

こうなると、10.24という平均値が、真の値の推定値としてどれだけ確かなものなのか疑ってしまうだろう。ここで注意してほしいのは、あなたは、「10回の測定をして平均を取る」という実験を1度だけやり、10.24という平均値を発表しようとしていることである。他校の研究グループが、同じ対象について「10回の測定をして平均を取る」ことをしたら、たとえば9.87といった平均値を発表することもありうるわけだ。

　一方、平均値が同じ10.24であったとしても、10回の測定値の中身が以下であった場合はどうだろう。

> ### 例3.2
>
> 【測定値】10.27, 10.04, 10.18, 10.24, 10.29, 10.25, 10.19, 10.38, 10.27, 10.28
> 【平均値】10.24

個々の測定値のばらつきが小さい。こういう状況ならば、「10回の測定をして平均を取る」ということを繰り返しても、同じような平均値が出てくるであろう。

例3.2の続き

【測定値】10.32, 10.25, 10.12, 10.19, 10.25, 10.13, 10.21, 10.27, 10.32, 10.26
【平均値】10.23

【測定値】10.28, 10.15, 10.40, 10.24, 10.04, 10.40, 10.20, 10.29, 10.27, 10.16
【平均値】10.24

こういう状況ならば、10.24という推定値が相当に信頼できる。

このように、平均値はばらつきうるし、ばらつきの程度も異なりうる。これはつまり、真の値の推定値としての確かさが、場合によって異なるということだ。

2.1.2 標準誤差とは

推定値としての平均値の確かさが場合によって異なるのならば、確かさの指標も示す必要がある。そうでないと、その平均値が、真の値の推定値としてどれだけ確からしいのかを読者・聴衆が知ることができない。

真の値の推定としての確かさの指標となるのが標準誤差である。標準偏差（3.1.1項参照；p.85）という似た言葉があるけれど、それとは別物なので注意してほしい。

標準誤差について説明しよう。「一連の測定を行い、得られた測定値の平均を計算する」ということを何度も繰り返したら、平均値がたくさん得られることになる。上述のように、個々の平均値はある程度はばらついているであろう。そこで、平均値のばらつき具合をヒストグラム（ヒストグラムの説明は3.2.1項参照；p.88）に描いてみる（**図3.1**）。この、平均のヒストグラムが、「測定値の平均を取る」ことを繰り返し行ったときに、そこから得られる平均がどういう風にばらつくのかを示している。「平均の平均」のまわりで、より大きい方へもより小さい方へも同じようにばらつく（**図3.1，図3.2**）。標準誤差は、片方の方向（大きい方または小さい方）へのばらつきの大きさを示す尺度である。「「平

均の平均」−標準誤差」と「「平均の平均」＋標準誤差」とに挟まれた範囲（**図3.2**の太い赤線の範囲）に、全体の約 68 % が入る（どうして 68 % なのかを知りたい人は統計の本を読むべし）。つまり、「測定値の平均を取る」ことを 1 回やったら、その平均値が、この範囲に入る確率が約 0.68 ということである。標準誤差が小さいほど、「一連の測定の平均値を得る」ことを何回繰り返しても同じような平均値になる。つまり、**標準誤差が小さいほど真の値の推定精度が高い**ということである。

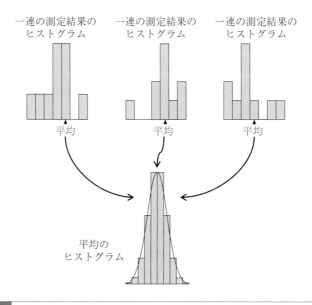

図3.1　**平均のヒストグラム**（ヒストグラムの説明は 3.2.1 項参照；p.88）

「測定値の平均を取る」ということを何度も繰り返すと、このようなヒストグラムを描くことができる。

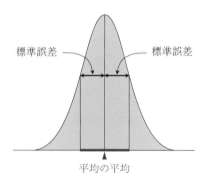

標準誤差　　　　　　　標準誤差

平均の平均

図3.2 **標準誤差**

平均の分布は、「平均の平均」のまわりで、より大きい方へもより小さい方へも同じように
ばらつく。標準誤差は、片方の方向（大きい方または小さい方）へのばらつきの大きさを
示す尺度である。太線の範囲（「「平均の平均」−標準誤差」から「「平均の平均」＋標準誤
差」までの範囲）に全体の約68％ が入る。なおここでは、平均のヒストグラムを滑らかな
曲線で表している。

2.1.3 「平均の平均」および標準誤差の推定

　真の値の推定のために何をするべきなのか。それは、**図3.1, 図3.2**のよう
な、**平均値の分布のヒストグラムを示す**ことである。得られた平均値のどれかが
真の値なのであろう。しかし、どれが真の値なのかは誰にもわからない。できる
ことは、一連の測定を何度も繰り返し平均を取り続けたら、平均値がこのように
分布すると示すことだけである。より簡便には、「平均の平均」と標準誤差を示
すことである。これらがわかれば、平均値の分布のヒストグラムの形も決まるか
らである。

　ではどうすれば、「平均の平均」と標準誤差がわかるのか。実は、これらもま
た未知のものである。あなたの手元にあるのは、何回かの測定値とその平均値1
つだけなのだ。平均値が1つあるだけでは平均のヒストグラムを描くことができ
ない。そこで手元のデータから、「平均の平均」および標準誤差を推定すること
になる。それは以下のように行う（詳しくは統計の本を参照のこと）。

「平均の平均」の推定値 ＝ あなたの測定値の平均

$$標準誤差の推定値 = \frac{\sqrt{\frac{\sum_{i=1}^{n}(x_i - \bar{x})^2}{n-1}}}{\sqrt{n}}$$

n；測定値の数　x_i；個々の測定値の値　$\bar{x}$；測定値の平均

たとえば、例 3.1 の 1 つ目のデータセット（p.73）の場合、

$$平均の平均の推定値 = \frac{10.57 + 9.72 + \cdots + 10.88}{10} = 10.24$$

$$標準誤差の推定値 = \frac{\sqrt{\frac{(10.57-10.24)^2 + (9.72-10.24)^2 + \cdots + (10.88-10.24)^2}{10-1}}}{\sqrt{10}}$$

$$= 0.64$$

となる。このようにして、平均値の分布のヒストグラム（**図 3.2**：p.76）の重要パラメータである「平均の平均」および標準誤差を推定する。

　なお、「平均の平均」という表記は煩わしいので、単に「平均」と表記してよい。論文や発表でも、こうして推定した「平均の平均」を「平均」として表記する。本書でも以降は、「平均」と表記することにする。

　真の値の推定値は「平均±標準誤差」として提示する。例 3.1 の場合、「10.24 ±0.64」と示す。「一連の測定を繰り返したら、得られる「平均の平均」は10.24 となり、個々の平均値は、標準誤差 0.64 に応じて10.24の周りをばらつくと推定 される」という意味である。文中で示す場合は、「10.24±0.64（平均±標準誤 差）」とする。括弧書きも添えて、2 つの数字が何であるのかを明確にしておく 必要がある（標準偏差という似た言葉があるため）。念を押しておく。標準誤差 を書かずに「平均10.24」だけで済ましては絶対にいけない。標準誤差も必ず示 すこと。**誤差の程度（標準誤差）を示さないものはデータとして信頼度ゼロで あ る。**

2.2　真の値の推定精度の上げ方

次に、真の値の推定精度の上げ方（**要点 3.4**；p.72）を説明しよう。

測定精度を上げる

データ測定時になすべきことは、まずもって、測定機器の精度やあなたの技術を高めることである。探究活動・課題研究で実行できる範囲内で頑張っていただきたい。

測定回数を増やす

データ測定時になすべきもう1つのことは、測定回数を増やすことである。測定回数が多いほど推定値の信頼が高まることは直感的にもわかるであろう。

標準誤差の推定値の式（p.77）の分母にも測定値の数が入っており、測定回数が多いほど標準誤差は小さくなる。つまり、平均のヒストグラム（**図 3.2**；p.76）の幅が狭まるということであり、それだけ高い精度で推定できるということである。

ミスが疑われる外れ値を解析から除外する

データ解析時には、明らかな外れ値（他のデータから、極端に値が異なるデータ）を解析から除外することから始める。外れ値が生じたのは、何らかの測定や記載のミスがあったためである可能性が高い。こうしたミスが疑われるのなら、その外れ値を解析から外してよい。されど、ミスの疑いがない場合（判断が難しいかもしれないが）は外してはいけない。その値も、真の値の推定値の1つとして扱うべきである。

外れ値と、あなたにとって都合が悪い値とは異なる。**都合の悪い値を外れ値として除いてはいけない**。都合の悪い値は、何らかの真実を示している可能性があるのだ。こうした値も解析に加え、そこから何かを読み取る努力をするべきである。

2.3 条件に依存した真の値の変化の解析

　真の値を扱う研究のほとんどで、真の値が条件に依存してどのように変化するのかを調べようとする。たとえば、ペットボトルロケットの飛行距離が発射角度に依存してどのように変化するのか。これは、各発射角度の飛行距離の真の値を推定し、それら推定値を発射角度間で比較するということである。あるいは、カフェインの含有量が、コーヒー・緑茶・紅茶のどれで多いのかを調べるとする（それぞれの飲料種において品種を限定して調査するとする）。これも、それぞれの含有量の真の値を推定し比較することになる。本節では、こうした研究における、真の値の推定値の変化の示し方および条件への依存性の解析の仕方（**要点3.5**；p.72）を説明する。

2.3.1 条件に依存した真の値の推定値の変化の示し方

　条件に依存した真の値の推定値の変化は、各条件における「平均±標準誤差」を描き込んだ図または表を用いて示す。平均の変化の傾向を見せたい場合は図で、正確な数値を伝えたい場合は表にするとよい（第5部8.1節参照；p.198）。同じデータを図と表の両方で示す必要はない。

　図で示す場合は、平均を、点グラフで示す場合（**図3.3**）と棒グラフで示す場合（**図3.4**）がある。前者は、真の値として「1つの点」を推定するときに、後者は、「1つの集積量（数量・頻度・割合など）」を推定するときに用いる。たとえば、ペットボトルロケットの飛行距離は「1つの点」なので、平均の飛行距離がどこにあるのかを●などで示す（**図3.3**）。一方カフェインの量は、その飲料が含有しているものの集積なので棒グラフで示す（**図3.4**）。

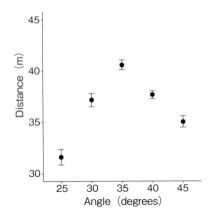

| 図3.3 | 唯一の真の値がある対象における、条件に依存した真の値の推定値の変化の示し方——推定値を点で示す場合 |

●が平均値で、縦棒が、「平均－標準誤差」から「平均＋標準誤差」を示す。ペットボトルロケットにおける、発射角度と飛行距離の架空例。

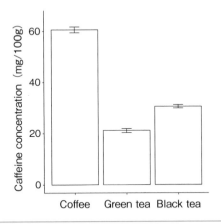

| 図3.4 | 唯一の真の値がある対象における、条件に依存した真の値の推定値の変化の示し方——棒グラフの場合 |

太い棒の高さが平均で、各棒の中央の細い縦棒が、「平均－標準誤差」から「平均＋標準誤差」を示す。コーヒー・緑茶・紅茶間でカフェイン量を比較した架空例。

いずれの図でも標準誤差は縦棒で示す（**図3.3**，**図3.4**）。縦棒は、「平均−標準誤差」の位置から「平均＋標準誤差」の位置までを繋ぐ、2×標準誤差の長さのものである。

表で示す場合は、「平均±標準誤差」という項目を作り、その列に数値を書き込む（**表3.1**）。1回1回の実験や測定で得られた個々の値を書く必要はない。「平均±標準誤差」を書けば十分である。

表3.1	唯一の真の値がある対象における、条件に依存した真の値の推定値の表での示し方

各条件について「平均±標準誤差」を示す。ペットボトルロケットにおける、発射角度と飛行距離の架空例。

発射角度（度）	飛行距離（m） （平均±標準誤差）
25	31.61 ± 0.75
30	37.15 ± 0.64
35	40.58 ± 0.47
40	37.65 ± 0.37
45	35.05 ± 0.56

2.3.2　真の値の、条件への依存性の解析の仕方

条件間で真の値に違いがあるのかどうかを解析するためには検定（第6章参照：p.118）を行うことが理想である。検定は難しいけれど、可能ならば挑戦してほしい。

行わない場合は、「傾向がある」「可能性がある」という考察に留めよう。以下の2つを共に満たしているほど、真の値に差がある可能性が高いと考えてよい。

平均の差

言うまでもなく、平均の差が大きいほど真の値が異なる可能性が高い。

標準誤差の範囲の離れ具合

　標準誤差の範囲（「平均−標準誤差」から「平均＋標準誤差」の範囲）の離れ具合（**図3.5**）も非常に重要である。標準誤差の範囲は、真の値が取りうる範囲の指標である（2.1.2項参照；p.74）。この範囲が重なっておらず、かつ、より離れているほど、比較する条件間で真の値が異なる可能性が高い。このように、**標準誤差の範囲の重なり具合も必ず考慮する**ようにしてほしい。ただし、どれだけ離れていればよいのかという基準はない。検定なしでは、明確な基準に基づいた議論は無理である。

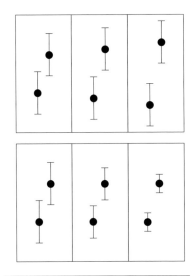

図3.5　標準誤差の範囲の離れ具合

●が平均で、縦棒が、標準誤差の範囲（「平均−標準誤差」から「平均＋標準誤差」の範囲）である。この範囲が重なっておらず、かつ、より離れているほど、比較する条件間で真の値が異なる可能性が高い。上段；標準誤差の範囲の幅は同じで離れ具合が異なる場合。下段：平均が同じで標準誤差の範囲の幅が異なる場合。どちらの場合も、右にいくほど真の値が異なっている可能性が高くなる。

第 *3* 章

データの値がそもそもばらつく対象の解析

データの値がそもそもばらつく対象をどのように解析するのか。本章ではその説明をしよう。

要点 3.6 データの分布の示し方

	データの値の分布が左右対称	データの値の分布が左右非対称
データ分布の要約の仕方	平均±標準偏差	中央値（第1四分位数－第3四分位数） （「－」は、範囲を示すハイフン）
示すもの	ヒストグラム 箱ひげ図 棒グラフ：集積量（数量・頻度・割合など）の場合 点グラフ：それ以外の場合 表；正確な数値を示したい場合	ヒストグラム 箱ひげ図 表；正確な数値を示したい場合

> **要点3.7　母集団間で、平均・中央値が異なるといえるかどうかの判定**
>
> ◇ 検定を行う
> ◇ 検定を行わない場合は以下を基準とする
> - 平均の差・中央値の差が大きいほどよい
> - 標準偏差の範囲（「平均－標準偏差」から「平均＋標準偏差」の範囲）または「第1四分位数－第3四分位数」の範囲の重なり。ある程度重なっていてもよい。重なりが小さいほど差がある可能性が高い。

> **要点3.8　母集団内での解析**
>
> **2種類のデータ間の依存性の解析**
> ◇ 因果関係がある場合の解析
> ◇ 原因となるデータに依存して他のデータがどう変化するのか
>
> **2種類のデータ間の相関関係の解析**
> ◇ 因果関係がない場合の解析
> ◇ 2つのデータにどういう関係性があるのか
>
> **1種類のデータ内での分布の偏り具合の解析**
> ◇ データ分布の内訳に偏りがあるのか

3.1　母集団における、データの値の分布の要約

　本章で扱う対象の場合、母集団の構成員はそれぞれが個性を持っている。メダカの体長にしても高校生の記憶力にしても大根の栄養成分にしても、個々で多少なりとも異なるのだ。むろん、「唯一の真の値」などというものは存在しない。構成員間で値がばらつくのは、「真の値」なるものからずれているからではない。その値が、その構成員の個性なのだ。

　そのため、基本情報として、調べようとする性質（メダカの体長とか高校生の記憶力とか）について、どのような値を持った構成員がどれくらいいるのかを推定し、それを要約して簡便に示す必要がある。要約された情報は、母集団間で平均を比較する場合などにも重要となる。

　メダカの体長を調べるとしよう。標本としてメダカ100匹の体長を測ったとする。推定して要約したいのは、母集団において、どれくらいの体長のメダカがどれくらいいるのかである。だから、標本の平均を計算し、平均体長だけを示すのは不十分である。平均は、極めて単純な代表値なのだ。代表値の周りで、各個体の体長がどのように分布しているのかも示す必要がある。

　母集団内で、データの値がどのように分布しているのかを要約して示す方法は大きく分けて2つある（**要点3.6**；p.83）。データの値が左右対称に近い分布をしているのか、左右対称ではなく歪んでいるのかによって使い分ける（**図3.6**）。それぞれについて説明しよう。

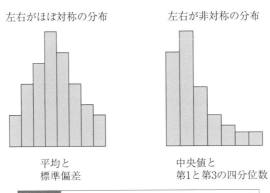

左右がほぼ対称の分布　　　　左右が非対称の分布

平均と　　　　　　　　　　中央値と
標準偏差　　　　　　　　　第1と第3の四分位数

図3.6　データの値の分布と、その要約の仕方

データの値が左右対称に近い分布をしていると推定されるなら、平均と標準偏差を示す。左右非対称の分布をしていると推定されるなら、中央値・第1四分位数・第3四分位数を示す。

3.1.1　平均±標準偏差

　母集団において、データの値が左右対称に近い分布をしていると推定されるなら、平均および標準偏差の推定値を示す。標準誤差（2.1.2項参照；p.74）とは違うものなので注意してほしい。

　母集団における平均の推定値は標本の平均でよい。なので、標本の平均値を計算し、それを、母集団の平均の推定値として示す。

　標準偏差は、母集団における性質の値のばらつき具合を推定した指標である。標準偏差が大きいほどばらつきが大きい。計算式は以下である。

$$標準偏差 = \sqrt{\frac{\sum_{i=1}^{n}(x_i - \bar{x})^2}{n-1}}$$

n：データの数

x_i：個々のデータの値

$\bar{x}$：値の平均

式内の $x_i - \bar{x}$ は、各データが平均からどれくらい離れているのかを示したものだ。大きい方にずれると正の値を、小さい方にずれると負の値をとる。2乗して $(x_i - \bar{x})^2$ としてしまうことで、どちらの方向にずれても同じ効果を持つようにしている。$(x_i - \bar{x})^2$ を全データについて足し合わせてデータの数で割ることで、データのばらつきの平均を示している（しかし実は、データ数 n ではなく $n - 1$ で割る。その理由は統計の本を参照のこと）。いったん2乗したものの平方根を取ることで、大袈裟な値になっていたものが元に戻っている。

　母集団での分布が左右対称かどうかは、標本のばらつき方から推測してよい。あるいは、文献等の情報から、（データ数が少ないために標本の分布は偏っていても）母集団の分布は左右対称と考えてよい場合も多いであろう。

3.1.2　中央値（第1四分位数 - 第3四分位数）

　データの値の分布が、左右対称ではなく歪んでいる場合もある。たとえば、体重の分布に極端な偏りがある生物がいるとする（強い個体が食べ物を独占するなどのために）。

例3.3

1.1 g，1.1 g，1.1 g，1.2 g，1.3 g，1.7 g，2.2 g，3.8 g，5.9 g

このデータを平均してしまうと2.2 gとなり、データ分布の印象とはかなり異なってしまう。

　こうした場合は中央値というものを示す。中央値とは、データを小さい順に並べたときのちょうど真ん中の値のことである。データが奇数個あるのならど真ん中のものの値、偶数個あるのなら、真ん中の2つの値の平均となる。例3.3の中央値は1.3 gであり、

例3.4

1.0 g，1.0 g，1.1 g，1.2 g，1.3 g，1.9 g，4.2 g，5.7 g

の中央値は $(1.2 \text{ g} + 1.3 \text{ g})/2 = 1.25$ g である。

中央値を用いる場合は、ばらつきの指標として第1四分位数と第3四分位数というものを示す。データを小さい順に並べたときに、下から1/4番目の値を第1四分位数、上から1/4番目の値を第3四分位数という。ちなみ中央値は第2四分位数である。そして、中央値（第1四分位数－第3四分位数）（「－」は、範囲を示すハイフン）として示す。たとえば、「1.3（1.1－3.0）g」と示す。標準偏差は、中央値ではなく平均を基準とした値なので、中央値と共に用いてはいけない。

四分位数の求め方にはいくつかの方法がある。「きっかり1/4」番目のデータが決まらないことが多々あり、その場合の解決法に複数のやり方があるためである。以下で、高校の教科書で採用している方法を説明する。データが偶数個ある場合はデータを半分に分ける。データが奇数個ある場合は、中央値よりも小さいデータと、中央値よりも大きいデータとに分ける（中央値はどちらにも入らない）。そしていずれの場合も、小さいデータのグループおよび大きいデータのグループそれぞれの中央値を決める。中央値の決め方は上述のとおりである。小さい方の中央値が第1四分位数、大きい方の中央値が第3四分位数である。たとえば例3.3では、第1四分位数 $= (1.1 + 1.1)/2 = 1.1$ g、第3四分位数 $= (2.2 + 3.8)/2 = 3.0$ g となる。

3.2 母集団間での、データ分布の違いの解析

多くの研究で、着目する性質の値の分布に母集団間で違いがあるのかどうかを調べようとする。たとえば以下のようにである。

- ・ 生育地間（異なる母集団間）でメダカの体長の平均に差があるのか？
- ・ 産地間（異なる母集団間）で大根の各成分量の平均に差があるのか？
- ・ 単語の記憶力に、就寝前に記憶した場合と起床後に記憶した場合（記憶時間帯が異なる母集団間）とで差があるのか？
- ・ 魚の下処理法の違い（異なる処理をした母集団間）によって味が変わるのか？

本節では、こうした研究における、性質の値の分布の示し方（**要点 3.6**：p.83）および母集団間での平均・中央値の違いの解析の仕方（**要点 3.7**：p.84）を説明する。

　各母集団におけるデータの値の分布の示し方にはいくつかの方法がある。ヒストグラムは、データの値の分布をそのまま示したものである。箱ひげ図・点グラフ・棒グラフ・表は値の分布を要約して示す。集積量（数量・頻度・割合など）のデータは棒グラフで、それ以外は点グラフで示す。箱ひげ図と表はどちらに用いてもよい。以下で、それぞれについて詳しく説明する。

ヒストグラム

　まずもって行うべきはヒストグラムの作図（**図3.7**）である。ヒストグラムは、データの値をいくつかに区切り、各区切りのデータ数を示すものである。これにより、データ値の分布を視覚的に捉えることができる。区切り方は、「x_1以

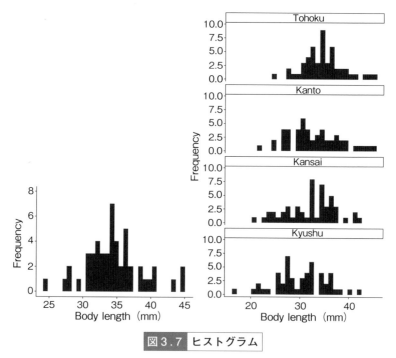

図3.7　ヒストグラム

データ値の分布を示すために使われる。東北・関東・関西・九州のメダカの体長の架空例。
左図；ある特定の地域（東北）のメダカの体長のヒストグラム。右図；東北・関東・関西・九州の図を並べて示したもの。

上 x_2 未満」とするか「x_1 より大きく x_2 以下」とするかのどちらかである。両者では、区切りの境界値ぴったりのデータがどちらに入るのかが異なる。

　ヒストグラムを見ると、あなたのデータがどういう分布をしているのかがわかる。あなたのデータのことを理解するために、論文やプレゼンで使うにせよ使わないにせよ描いてみることを奨める。

　論文やプレゼンでは、データ全体の分布をできるだけそのまま伝えたい場合に用いる。スペースをとるので、その必要がない場合は要約した図（箱ひげ図か点グラフか棒グラフ；下記参照）を用いるとよい。

箱ひげ図

　箱ひげ図（**図3.8**）は、中央値・第1四分位数・第3四分位数等を用いて値の分布を要約する図である。性質の分布が左右で非対称の場合はもちろん、左右対称である場合にも使ってよい。

点グラフ

　点グラフ（**図3.9**）は、平均と標準偏差を用いて値の分布を要約する図である。性質の分布が左右対称（**図3.9**では上下対称）であり、かつ、集積量ではないデータの場合に用いる。

　平均の点と点（**図3.9**の●）を線で繋げて折れ線グラフにしないように。各地域の体長はお互いに独立であり、線で結ぶような関係性を持っているわけではない。

棒グラフ

　棒グラフ（**図3.10**）も、平均と標準偏差を用いて値の分布を要約する図である。性質の分布が左右対称（**図3.10**では上下対称）であり、かつ、集積量であるデータの場合に用いる。

表

　表で示す場合は、「平均±標準偏差」「中央値（第1四分位数−第3四分位数）」「中央値（四分位範囲）」といった項目を作り、その列に数値を書き込む（**表3.1**のように；p.81）。四分位範囲は、第3四分位数から第1四分位数を引いた値で

ある。たとえば、メダカの体長の平均と標準偏差を「33.5 ± 8.2 mm」などと書く。これは、平均から小さい方向および大きい方向それぞれへ、標準偏差の分のばらつきを示した表し方である。中央値の場合は、「1.3（1.1 − 3.0）g」などと書く。

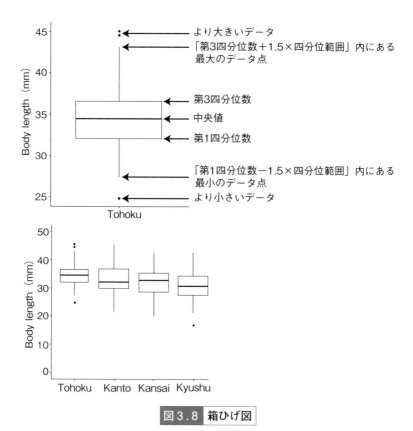

図3.8　箱ひげ図

中央値・第1四分位数・第3四分位数等を用いて値の分布を要約する。四分位範囲は、第3四分位数から第1四分位数を引いた値である。東北・関東・関西・九州のメダカの体長の架空例。上図：ある特定の地域（東北）の体長のヒストグラム。下図；東北・関東・関西・九州の図を並べて示したもの。

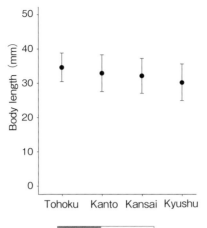

図3.9　点グラフ

平均と標準偏差を用いて値の分布を要約する。●が平均値で、縦棒が、「平均－標準偏差」から「平均＋標準偏差」を示す。東北・関東・関西・九州のメダカの体長の架空例。

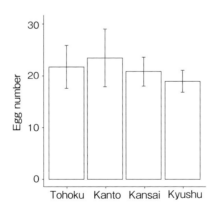

図3.10　棒グラフ

平均と標準偏差を用いて値の分布を要約する。太い棒の高さが平均値で、縦棒が、「平均－標準偏差」から「平均＋標準偏差」を示す。東北・関東・関西・九州のメダカの産卵数の架空例。

本文中での記述

　文中で書く場合は「33.5 ± 8.2 mm（平均±標準偏差）」としよう。括弧書き
も添えて、2つの数字が何であるのかを明確にしておく必要がある（標準誤差と
いう似た言葉があるため）。同様に、「中央値 1.3　四分位範囲（1.1−3.0）g」な
どと表す。

3.2.2　母集団間での、平均・中央値の違いの解析の仕方

　平均や中央値に母集団間で差があるのかどうかを解析するためには検定（第6
章参照；p.118）を行うことが理想である。本章のデータの検定は第2章（p.71）
のデータの検定よりもはるかに難しい。しかし、可能ならば挑戦してほしい。

　行わない場合はやはり、「傾向がある」「可能性がある」という考察に留めよう。
以下の2つを共に満たしているほど、母集団間に差がある可能性が高いと考えて
よい。

平均や中央値の差が大きい

　標本の平均や中央値の差が大きいほど母集団間でも差がある可能性が高い。

標準偏差の範囲または第1四分位数から第3四分位数の範囲の重なりが小さい

　標準偏差の範囲または四分位数の範囲の重なりも重要である。つまり、「平均
−標準偏差」から「平均＋標準偏差」の範囲または、第1四分位数から第3四分
位数の範囲の重なりが、比較する母集団間でどれだけ小さいかが重要である。た
だし、これらの範囲がある程度重なっていても、平均や中央値に母集団間で差が
あることが多い。たとえば、日本人とドイツ人の身長の分布には結構な重なりが
あるけれど、平均身長はドイツ人の方が高い。では、どれくらいの重なりなら許
されるのか。検定なしでは、明確な基準に基づいた議論は無理である。それでも、
標準偏差の範囲や四分位数の範囲の重なり具合も必ず考慮するようにしてほしい。

3.3　母集団内でのデータの解析

母集団内で、着目する性質について調べる研究も多い。たとえば以下のように である。

2種類のデータの関係性の解析
・メダカの体長と産卵数に何らかの関係があるのか？
・単語の暗記試験の成績と思考力試験の成績に何らかの関係があるのか？
・大根のビタミン量と辛み成分量に何らかの関係があるのか？

1種類のデータの解析
・ミドリムシは、明るい方と暗い方のどちらに移動するのか？
・顧客は、誇大広告の店と正直な広告の店のどちらを選ぶのか？

本節では、こうした研究におけるデータの示し方および解析の仕方を説明する。

3.3.1　2種類のデータの関係性の示し方

まず始めに、依存性と相関関係の説明をする。2種類のデータ間に因果関係が ある場合は依存性を、因果関係がない場合は相関関係を調べる。たとえば、メダ カの体長と産卵数の関係や、勉強時間と試験成績の関係は依存性である。体長が 原因となって産卵数が決まり（大きくて栄養豊かな個体ほど多くの卵を産む）、 勉強時間が原因となって試験成績が決まるからである。原因となっているものを 説明変数、それに依存して決まるものを応答変数と呼ぶ。一方、メダカの体長と 体重の関係や、単語の暗記試験の成績と思考力試験の成績の関係は相関関係であ る。これらは、どちらかが原因となってもう片方が決まるわけではない。あなた の研究対象が、依存性と相関関係のどちらの関係にあるのか意識するようにしよ う。

依存性と相関関係のどちらの場合も、2種類のデータの関係性を散布図（**図 3.11**）で示す。依存性の場合は、説明変数（原因となる方；メダカの体長や勉 強時間）を横軸に、応答変数（依存している方；産卵数や試験成績）を縦軸に描 く。相関関係を図で描くときはどちらを横軸縦軸にしてもよい。

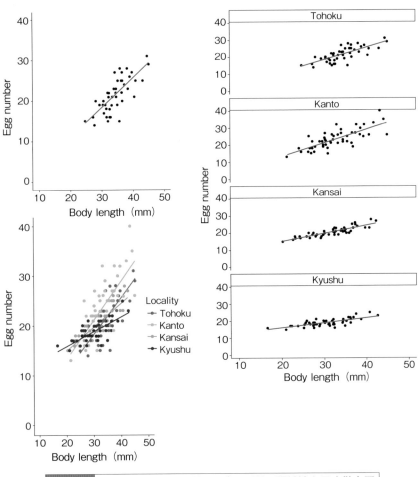

図 3.11　母集団内での、2種類のデータ間の関係性を示す散布図

東北・関東・関西・九州のメダカにおける、体長と産卵数の関係の架空例。直線は、両者の関係性を示す式（回帰式という）である。左上図：ある特定の母集団（東北）のデータのみを描いたもの。左下図：4つの母集団のデータを1つの図に描いたもの。右図：4つの母集団の図を縦に並べたもの。

　図3.11は、メダカにおける体長と産卵数の関係の架空のデータである。依存性の関係なので、原因となる体長を横軸に、依存している産卵数を縦軸に描いている。ある1つの母集団のみについて調べる場合は、その集団の図を描く（**図3.11左上**）。複数の母集団について調べる場合もあるであろう。データ点の分布を母集団間で比較したいのなら、全母集団のデータを1つの図に描き込む（**図3.11左下**）。母集団間での比較が目的ではないのなら、各母集団のデータを別々の図に描き並べて示す（**図3.11右**）。

　相関関係の場合も同様に図示する。ただし回帰式は描かない（3.3.2項参照；p.95）。

3.3.2　2種類のデータの関係性の解析の仕方

　依存性も相関関係も、見たいのはその関係性のあり方である（**図3.12**）。片方のデータ値が大きくなるともう片方のデータ値も大きくなる場合は、両者に正の依存性または相関があるという。片方のデータ値が大きくなるともう片方のデータ値が小さくなる場合は、両者に負の依存性または相関があるという。両者に関係性が見られない場合は非依存または無相関という。

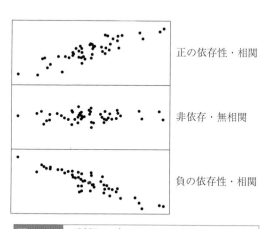

正の依存性・相関

非依存・無相関

負の依存性・相関

図3.12 2種類のデータ間の依存性・相関関係

　依存性の解析で、正または負の依存性がある場合は回帰式というものを描くことが基本である（**図3.11**にも描かれている）。x軸（横軸）の値に依存してy軸（縦軸）の値の平均値がどのように変化するのかを示す式である（詳しくは統計の本を参照）。この傾きが大きいほど、正または負の依存性が強い。回帰式は、「x軸の値が変化するとy軸の値がどう変化するのか」を示しているのであって、「y軸の値が変化するとx軸の値がどう変化するのか」を示しているわけではないことに注意してほしい。x軸とy軸を入れ替えてしまうと回帰式は違ったものになる。そのため、原因となるデータ（x軸にする）と、それに依存して値が決まるデータ（y軸にする）を正しく見極めることが大切である。非依存の場合は回帰式を描く必要はない。

　相関関係の解析の場合は相関係数を計算することが基本である（詳しくは統計の本を参照）。相関係数は、「x軸の値がy軸の値にどう影響するのか」と、「y軸の値がx軸の値にどう影響するのか」の両方を考慮している（回帰式は前者のみを考慮）。そのため相関係数の値は、x軸とy軸を入れ替えても変わることがない。相関係数は-1から1までの値を取り、1に近いほど正の相関が強く、-1に近いほど負の相関が強い。0に近いほど無相関である。

　相関関係の散布図に回帰式を描く必要はない。上述のように回帰式は、相関係数とは意味合いが異なるからである。

　依存性の場合も相関関係の場合も、母集団において、正または負の関係性が本当に存在するのかどうかを解析するためには検定が必要である（第6章参照；p.118）。本当は関係性がないのに、採った標本において正または負の関係性が偶然に出てしまうこともあるからだ。検定を行わない場合は、「傾向がある」「可能性がある」という考察に留めよう。

3.3.3　1種類のデータの解析の仕方

　2種類のデータ間の関係性ではなく、ある1種類のデータのみを解析することもある。たとえば、光に反応したミドリムシの移動性の研究では、「明るい方と暗い方のどちらに行くか」という1種類のデータを解析する。顧客の店選びの研究も、「誇大広告の店と正直な広告の店のどちらを選ぶか」という1種類のデータを解析する。本節では、こうした研究におけるデータの示し方と解析の仕方を説明する。

　データの示し方は、棒グラフ（数量・頻度・割合などの集積量の場合）か点グラフ（集積量以外の場合）のどちらかが基本である。そして、データの内訳等を示す。たとえばミドリムシの走光性の実験では、明るい方に集まった個体数と暗い方に集まった個体数を示す（図3.13）。実験を複数回行った場合は平均と標準偏差を示す。

　1種類のデータを解析するときは、データ分布の内訳に偏りがあるのかといったことを見ることが多いであろう。たとえば図3.13では、ミドリムシの移動方向が、明るい方と暗い方とで偏りがあるのかを解析する。こうした解析の場合も検定が必要である（第6章参照；p.118）。本当は偏りがないのに、採った標本において偏りが偶然に出てしまうこともあるからだ。検定を行わない場合は、「傾向がある」「可能性がある」という考察に留めよう。

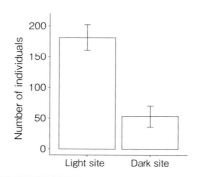

図3.13　**1種類のデータにおける、データ分布の偏りの示し方**

複数回の実験を行い、明るい方に集まった個体数と暗い方に集まった個体数の平均と標準偏差を示す。実験を1回のみ行った場合は、実験間でのデータのばらつきは存在しない。そのため標準偏差は示さない。ミドリムシの走光性の架空例。

第 *4* 章

アンケート結果の示し方

本章では、アンケート結果の示し方を説明する。

　アンケート結果の内訳は帯グラフか円グラフで示す（**図3.14**）。帯グラフは、各回答の割合を帯の長さで表し、円グラフは角度で表す。両者の使い分けの原則は、**複数のアンケート間で結果を比較する場合は帯グラフを、1つのアンケートの内訳だけを見る場合は帯グラフか円グラフを使う**ことである。
　たとえば、早口な音声と発音が不明瞭な音声それぞれの聞き取りやすさを、「とても悪い」「悪い」「どちらともいえない」「良い」「とても良い」で回答してもらったとする。この場合は、聞き取りやすさを2つの音声間で比較するので帯グラフにする（**図3.14上図**）。アンケート間での回答の分布の比較は、円グラフの角度よりも帯グラフの長さの方がしやすいからである。
　円グラフにしてもよいのは、そのアンケート内のみで回答の分布を見たいときだけである。たとえば、早口な音声の聞き取りだけを行い（他の音声との比較はせず）、被験者がどう反応したのかを示す場合などに用いる。

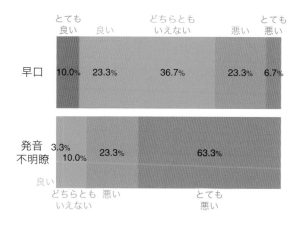

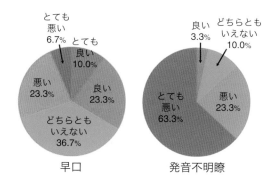

図3.14　帯グラフ（上図）と円グラフ（下図）

各回答の割合を、帯グラフは帯の長さで表し、円グラフは角度で表す。早口な音声と発音
が不明瞭な音声の聞き取りやすさの架空例。

第 5 章

統計・作図ソフト R を使おう

データ解析と作図には何らかのソフトを使う。ぜひ使ってほしいのが統計・
作図ソフト R である。本章ではまず、R とはどういうものなのか、R と
Excel をどのように使い分けるのかを説明する。ついで、メダカの体長の平
均と標準偏差の計算および箱ひげ図（**図3.8**；p.90）の作図を例に、R の
使い方を説明する。命令文の説明では、**赤太字**が一般的な形、**黒太字**が具体
例である。

5.1 R とは

　R は、データ解析と作図を行うためのソフトである。世界中の専門家が開発に
加わっており、日々改良が加えられている。その機能は、信じられないくらい素
晴らしい。作図能力は Excel をはるかにしのぎ、統計解析能力に至ってははるか
にはるかにはるかにしのぐ。それなのに無料であり、インターネットから自由に
インストールすることができる。そのため、さまざまな研究分野で標準的なソフ
トとなっている。大学・大学院で、データ解析を行う分野に進んだら、まず確実
に使うことになる。R は絶対に、あなたの大きな武器となるソフトである。

　本書の説明を読めば基本的な使い方は理解できるはずである。その後は、本を
読んだりインターネットで検索したりして使い方を身につけてほしい。

　R を使うためにはパソコンが必要である。タブレットやスマートフォンでは使
えない（使えなくはないが難しい）ので注意しよう。

5.2　データ管理はExcelで、データ解析と作図はRで

Rを使おうというのはExcelを使うなという意味ではない。データはExcelで管理する（第2部5.2.1項参照；p.55）。そして、**ExcelのデータをRに読み込んで解析・作図を行う**。これが基本である。

5.3　Rを使ってみる

ではRを使ってみよう。Rをインストールするところから丁寧に説明するので、頑張って試してほしい。

共立出版のウェブサイトにある本書紹介ページ内の「関連情報」（https://www.kyoritsu-pub.co.jp/book/b10041425.html）に、本5.3節の内容をより詳しく徹底的に説明したものを載せている。ぜひ、そちらも参照してほしい。

5.3.1　RおよびRStudioのインストール

Rを使うためには、R本体およびRStudioというソフトをインストールする必要がある。RStudioは、Rの使い勝手を良くするためのものである。これなしでもRを使うことはできるけれど、RStudioを使う方が絶対に良い。

RおよびRStudioは、RStudio Desktopというサイトからインストールできる。「RStudio Desktop」で検索して以下のサイトに行こう。RStudio Desktopのインストール法を説明したサイトではなく、RStudio Desktop本体のサイトに行くこと。

RStudio Desktop

https://posit.co/download/rstudio-desktop/

＊URLは2024年2月現在のもの

1: Install R

RStudio requires R 3.3.0+. Choose a version of R that matches your computer's operating system.

DOWNLOAD AND INSTALL R

2: Install RStudio

DOWNLOAD RSTUDIO DESKTOP FOR WINDOWS

Size: 214.34 MB | SHA-256: FE62B784 | Version: 2023.09.1+494 |
Released: 2023-10-17

図 3.15　RStudio Desktop の画面の中部

R をインストールするためのボタン（左の赤枠）と RStudio をインストールするためのボタン（右の赤枠）がある。実際の画面に赤枠はない。右側のボタンが「DOWNLOAD RSTUDIO DESKTOP FOR WINDOWS」となっているが、これは Windows で開いたためである。Mac で開くと「DOWNLOAD RSTUDIO DESKTOP FOR MACOS 11+」になる。

Rのインストール

　図 3.15 の左の赤枠のボタンをクリックすると以下の画面に切り替わる。

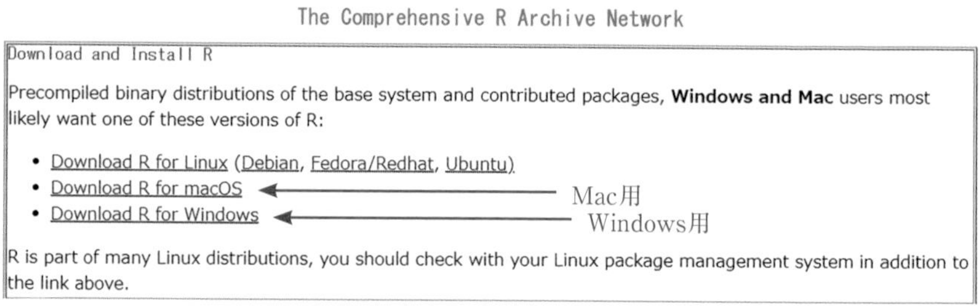

The Comprehensive R Archive Network

Download and Install R

Precompiled binary distributions of the base system and contributed packages, **Windows and Mac** users most likely want one of these versions of R:

- Download R for Linux (Debian, Fedora/Redhat, Ubuntu)
- Download R for macOS　←――――――― Mac用
- Download R for Windows　←――――――― Windows用

R is part of many Linux distributions, you should check with your Linux package management system in addition to the link above.

図 3.16　R をインストールするための画面

あなたのパソコンに応じて、Windows か macOS のどちらかをインストールする。実際の画面に、赤文字・赤矢印はない。

　あなたのパソコンが Windows ならば「Download R for Windows」を、Mac ならば「Download R for macOS」をクリックする。そうすると新しい画面に切り替わる。

　Windows の場合、切り替わった画面（**図 3.17**）の右上に「install R for the first time」というボタンがある。

Subdirectories:

base   Binaries for base distribution. This is what you want to install R for the first time.
contrib   Binaries of contributed CRAN packages (for R >= 3.4.x).
old contrib   Binaries of contributed CRAN packages for outdated versions of R (for R < 3.4.x).
Rtools   Tools to build R and R packages. This is what you want to build your own packages on Windows, or to
                        build R itself.

Please do not submit binaries to CRAN. Package developers might want to contact Uwe Ligges directly in case of questions / suggestions related to Windows binaries.

You may also want to read the R FAQ and R for Windows FAQ.

Note: CRAN does some checks on these binaries for viruses, but cannot give guarantees. Use the normal precautions with downloaded executables.

図 3.17 Windows で R をインストールするための画面

右上の赤枠内のボタンをクリックする。実際の画面に赤枠はない。

これをクリックすると、R の最新バージョンをインストールするための画面（**図 3.18**）に切り替わる。

R-4.3.2 for Windows

Download R-4.3.2 for Windows (79 megabytes, 64 bit)
README on the Windows binary distribution
New features in this version

図 3.18 Windows で、R の最新バージョン（この図では R-4.3.2）を
インストールするための画面

赤枠内のボタンをクリックする。実際の画面には赤枠はない。

図 3.18 の赤枠内のボタンをクリックするとインストーラーがダウンロードされる。ダウンロードされたインストーラーを立ち上げるとインストールが始まる。色々と訊いてくるけれど、すべて向こうの言うとおりにし、何も変更しなくてよい。「OK」「次へ(N)」ボタンをクリックし続け、最後に「完了(F)」をクリックする。これでインストールが終わる。

　Mac の場合、**図 3.16**（p.102）の Mac 用のボタンをクリックする。切り替わった画面の上から数行目に「Latest release」という部分がある（**図 3.19**）。

```
                    ╭─────────────────╮
                    │ Latest release: │
                    ╰─────────────────╯
For Apple silicon (M1/M2) Macs: R 4.3.2 binary for macOS 11 (Big Sur)
R-4.3.2-arm64.pkg            and higher, signed and notarized packages.
SHA1-
hash: 763be9944ad00ed405972c73e9960ce4e55399d4
(ca. 92MB, notarized and signed)   Contains R 4.3.2 framework, R.app GUI
                                    1.80, Tcl/Tk 8.6.12 X11 libraries and
For older Intel Macs:               Texinfo 6.8. The latter two components are
R-4.3.2-x86_64.pkg                  optional and can be ommitted when
SHA1-                               choosing "custom install", they are only
hash: 3d68ea6698add258bd7a4a5950152f4072eee8b2   needed if you want to use the tcltk R
(ca. 94MB, notarized and signed)    package or build package documentation
                                    from sources.
```

図 3.19 Mac で R をインストールするための画面

画面の上から数行目に「Latest release」という部分がある。そこの左の赤枠内のボタンをクリックする。左下にも青字になっている部分があるが、こちらは、やや古い Mac 用である。実際の画面に赤枠はない。

図 3.19 の左の赤枠内のボタンをクリックするとインストーラーがダウンロードされる。ダウンロードされたインストーラーを立ち上げるとインストールが始まる。ただし、やや古い Mac（Intel シリコン搭載の Mac）の場合、このインストーラーではインストールできない。その場合は、**図 3.19** の下の青字の方をクリックし、古い Mac 用のインストーラーをダウンロードする。

　インストールが始まると色々と訊いてくるけれど、すべて向こうの言うとおりにし、何も変更しなくてよい。「続ける」「同意する」ボタンをクリックし続け、最後に「閉じる」をクリックする。これでインストールが終わる。

RStudio のインストール

　図 3.15（p.102）の右の赤枠内のボタンをクリックするとインストーラーがダウンロードされる。

　Windows の場合、インストーラーを立ち上げるとインストールが始まる。色々と訊いてくるけれど、すべて向こうの言うとおりにし、何も変更しなくてよい。「次へ (N)」「インストール (I)」「完了 (F)」をクリックすればインストールが終わる。

　Mac の場合、インストーラーを立ち上げると**図 3.20**の画面が現れる。

図3.20　MacでRStudioをインストールするための画面

右のRStudioのボタンをクリックしたまま移動させ、左のApplicationsのフォルダに入れるとインストールされる。実際の画面に赤枠・赤矢印はない。

右のRStudioのボタンをクリックしたまま移動させ、左のApplicationsのフォルダに入れるとインストールされる。あなたのパソコンのどこかにあるはずのApplicationsフォルダをわざわざ探し出して、自分でそこに入れる必要はない。

5.3.2　Rの使い方の基本

Rを使うためにRStudioを立ち上げる（R本体ではなくRStudioを立ち上げる）。

命令文を書き込む部分

図が出る部分

命令文の実行結果が出る部分

図3.21　RStudio

実際の画面に赤字の説明文字はない。右上の、赤字の説明がない欄はあまり重要ではないので、ここでは説明しない。

「命令文を書き込む部分」「命令文の実行結果が出る部分」「図が出る部分」があ
る。「命令文を書き込む部分」が表示されていない場合は、RStudio メニューの
「File」から「New File」→「R Script」を選択すると現れる（**図3.24上図**；p.
109）。「命令文の実行結果が出る部分」の左上のタブが「Console」に、「図が出
る部分」の左上のタブが「Plots」になっていることを確認しよう。他のものに
なっていたら、「Console」「Plots」をクリックして表に出すこと。各部分の枠を
クリックして動かすと大きさが変わるので、各部分を好みの大きさに調整しよう。
　以下で、基本的な使い方と命令文のファイルの扱い方（ファイル保存法など）
を説明する。

基本的な使い方

　使い方の基本は以下の通りである（**図3.22**を参照）。

1️⃣ 「命令文を書き込む部分」に命令文を書く。1行に1つの命令文を書き
込む。新しい命令文を書くときは、Enter キー（Windows の場合）ま
たは Return キー（Mac の場合）を押して改行する。

2️⃣ 「命令文を書き込む部分」に書いた命令文の中で、実行したいものの行
にカーソルを置き、Ctrl キーと Enter キー（Windows の場合）また
は Command キーと Return キー（Mac の場合）を同時に押す。複数
の命令文を実行する場合は、カーソルで複数の命令文を選択し（選択部
分の色が変わる；**図3.22**）上記のキーを押す。

3️⃣ 実行した命令文およびその実行結果が、「命令文の実行結果が出る部分」
に出力される。作図をしたら、「図が出る部分」に出力される。

4️⃣ 「図が出る部分」にある「Export」をクリックすると、図の保存やコ
ピーができる（**図3.23**）。「Save as Image...」を選ぶと、PNG,
JPEG など好みのファイル形式で保存できる。「Save as PDF...」を
選ぶと PDF で保存できる。「Copy to Clipboard...」を選ぶとコピー
できる。PowerPoint にコピーして図を加工したい場合に便利である。

図 3.22　命令文の実行の例

「命令文を書き込む部分」に16行の命令文を書き込んでいる。そのうちの14〜16行目をカーソルで選択している（1〜13行目はすでに実行済み）。この選択部分を実行すると、「命令文の実行結果が出る部分」に実行結果が、「図が出る部分」に図が出る。

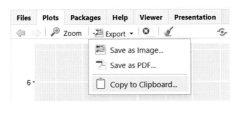

図 3.23　図の保存やコピーの仕方

「図が出る部分」にある「Export」をクリックすると3つの選択肢が現れる。「Save as Image...」を選ぶと、PNG, JPEG など好みのファイル形式で保存できる。「Save as PDF...」を選ぶと PDF で保存できる。「Copy to Clipboard...」を選ぶとコピーできる。

　「#」を使って注釈を書き添えることができる。たとえば、「mean(x)　#　平均値の計算」（mean は、平均を計算する命令文）と注釈を書いておく。この部分を丸ごと実行すると、「#　平均値の計算」は無視されて「mean(x)」だけが実行

される。後でわからなくならないように、「#」を使って注釈を書いておこう。

　「命令文の実行結果が出る部分」に命令文を直接書き込んで実行することもできる。この欄の「>」の横のカーソルの点滅部に命令文を書き、Enter キー（Windows の場合）または Return キー（Mac の場合）を押すと実行される。

命令文ファイルの扱い方

　R では、命令文を保存して何度でも実行することができる。同じ命令文を繰り返し使うときや、部分的に書き替えて新しい命令文ファイルを作るときなどに便利である。以下で、R での命令文ファイルの扱い方を説明する。

1　RStudio メニューバーの「File」から「New File」→「R Script」を選択すると（**図 3.24 上図**）、新しい命令文を書くための空のファイルが現れる。

2　書きたい命令文を書き込む。

3　命令文を保存する。メニューバーの「File」から「Save」を選択する（**図 3.24 下左図**）。最初に保存する場合は保存する文字コードを訊かれることがある（**図 3.24 下右図**が現れる）ので、一番上の「UTF-8 (System default)」を選択して保存する。2 回目以降に保存する場合は訊かれることはない。保存場所は、5.3.4 項の手順1（p. 110）で作る解析用フォルダにすると便利である。

4　命令文を書き替えて新しい命令文ファイルとして保存する場合は、メニューバーの「File」から「Save As...」を選択する（**図 3.24 下左図**）。元のファイルは、その前に保存した状態で残る。

5　解析や作図を終えたら RStudio を終了する。未保存の命令文ファイルがあったら、保存するかどうか訊いてくる。必要なファイルは保存しておくように。

6　再解析のために RStudio を再び立ち上げる。前回の終了時に保存しておいた命令文ファイルは、RStudio メニューバーの下に現れているはずである。ない場合は、メニューバーの「File」から「Open File...」を選択して（**図 3.24 下左図**）そのファイルを開く。

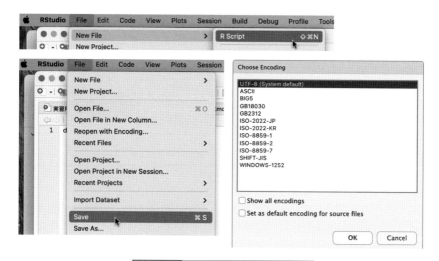

図3.24 命令文のファイルの扱い

新しい命令文ファイルを作るときは、RStudio メニューバーの「File」から「New File」→「R Script」を選択する（上図）。命令文ファイルを保存するときは、メニューバーの「File」から「Save」を選択する（下左図）。最初に保存する場合は保存する文字コードを訊かれることがある（下右図が現れる）ので、一番上の「UTF-8 (System default)」を選択して保存する。

5.3.3 tidyverse のインストール

tidyverse は作図のためのものである。これなしでも作図をすることはできる。しかしこれを使った作図の方が高性能である。

tidyverse のインストールは R を用いて行う。RStudio を立ち上げ、「命令文を書き込む部分」に以下を入力する。

```
install.packages("tidyverse")
```

このとき、tidyverse を " " で囲むのを忘れないようにしよう。そして、これを書いた行にカーソルを置き、Ctrl キーと Enter キー（Windows の場合）または Command キーと Return キー（Mac の場合）を同時に押す。そうすればインストールされる（インストール中に、赤字のメッセージが色々と出るけれど気にしなくてよい）。

5.3.4 ExcelファイルのRへの読み込み方

本項では、Excelファイルの作り方とRへの読み込み方を説明する。

1 解析用フォルダの作成 あなたのパソコン内に、解析を行うためのフォルダを作る。Excelのファイルを入れたり、Rの命令文ファイルや解析結果等を保存するためのフォルダである。たとえば、「課題研究解析」という名称のフォルダを作るとしよう。

2 Excelでの、解析用ファイルの作成 Excelを開いて、解析したいデータを用意する。各列の先頭行にその列のデータの名称を書き、2行目以降にデータを入れる。データに欠損値があっても構わない。ファイル中で日本語を使うと読み込みがうまくいかない可能性がある。日本語は使わずに、半角の英数字のみを用いること。

たとえば、東北・関東・関西・九州（Locality）の雌メダカ各50個体を対象に、体長（Length.mm）と1個体1回あたりの産卵数（Egg.number）を調べたとする。それらのデータを下記のように書き込もう（これは架空のデータである）。

	A	B	C
1	Locality	Length.mm	Egg.number
2	Tohoku	31.9	22
3	Tohoku	36.4	22
4	Tohoku	36.5	25
⋮	⋮		
51	Tohoku	24.8	15
52	Kanto	31.9	26
53	Kanto	30.5	20
54	Kanto	37.4	27
⋮	⋮		
101	Kanto	24.7	16
102	Kansai	35.1	22
103	Kansai	32.7	21
104	Kansai	23.2	17
⋮	⋮		
151	Kansai	32.4	19
152	Kyushu	35.6	22
153	Kyushu	20.9	15
155	Kyushu	27.6	19
⋮	⋮		
201	Kyushu	22.3	17

③ **Excel で作った解析用ファイルの csv 形式での保存**　このデータを、手順 ① で作った解析用フォルダの中に保存する。ファイルの形式は必ず <u>CSV（カンマ区切り）（.csv）</u> にすること。CSV UTF-8（カンマ区切り）（.csv）という似た名称の形式があるが、こちらは使わない方が無難である。

　この形式で保存しようとすると、Excel が警告文を出すかもしれない。しかし構わずに保存する。

　<u>ファイル名も半角の英数字のみにする</u>。たとえば、「Medaka.csv」というファイル名で保存してみよう。拡張子 ".csv" も必ず付ける。自動で付くはずであるが、付かない場合は自分で付けること。

④ **作業ディレクトリの指定**　RStudio（R 本体ではなく）を立ち上げる。RStudio のメニューの「Session」から、「Set Working Directory」→「Choose Directory...」と選ぶ（**図 3 . 25**）。そして、手順 ① で作った解析用フォルダを作業ディレクトリに指定する。これにより R は、この解析用フォルダをデータ読み込みの場と認識する。この指定は、RStudio を立ち上げるたびに行う必要がある。

図 3 . 25　作業ディレクトリの指定

RStudio のメニューの「Session」から、「Set Working Directory」→「Choose Directory...」と選ぶ。そして、手順 ① で作った解析用フォルダを作業ディレクトリに指定する。

　正しく指定されているか確認しよう。命令文を書き込む部分に `getwd()` と書いて実行すると（() 内は空白でよい）、指定されている作業ディレクトリが表示される。

> getwd() # 指定されている作業ディレクトリの表示

```
> getwd()
[1] "/Users/sakai/Documents/ 書籍等原稿 / これ研 / これ研2版 / 課題研究
解析 "
```

違っていたら上記手順をやり直す。

　getwd() を実行して、指定した作業ディレクトリのパソコン内での位置がわかったら、setwd() を使った命令文を書いてしまうとよい。以下のように、作業ディレクトリの位置を () 内に入れる。

> setwd(指定するフォルダ名) # 作業ディレクトリの指定

setwd("/Users/sakai/Documents/ 書籍等原稿 / これ研 / これ研2版 / 課題研究解析 ")

フォルダ名を " " で囲むのを忘れないようにしよう。R の命令文ファイルの冒頭にこれを置き、命令文ファイルを開いたらこれを実行する。そうすると作業ディレクトリが指定される。RStudio のメニューバーから選んで指定するよりも楽である。

5 Excel で作った解析用ファイルの R への読み込み　Excel で作ったデータを R に読み込む。R では、データフレームというもの（行列のようなもの）にデータを格納する。たとえば、手順 3 で作った「Medaka.csv」というファイルのデータを、d という名称のデータフレームに格納するとしよう。

> 格納先のデータフレーム名 <- read.csv("FileName.csv")
> # ファイル FileName.csv を読み込んでデータフレームに格納
> #「<-」は、「<」と「-」の組合せである。ファイル名を " " で囲む。拡張子
> 「.csv」も忘れずに書くこと。

```
d <- read.csv("Medaka.csv")
# ファイル Medaka.csv を読み込んでデータフレームに格納
```

確かに格納されているのか確認してみよう。データフレームの名称 d を入力して実行する。ここでは、" "で囲んではいけない。

> データフレーム名 # データフレームの中身の確認

```
d # データフレーム d の中身の確認
```

```
> d # データフレーム d の中身を確認
  Locality Length.mm Egg.number
1   Tohoku     31.9         22
2   Tohoku     36.4         22
3   Tohoku     36.5         25
4   Tohoku     37.4         24
......
```

データフレーム d の中身は上のようになっている。Locality に地域、Length.mm に体長、Egg.number に産卵数が入っている。

読み込みがうまくいかない場合は以下の 2 点を確認してみよう。

① ファイル名を正確に入力しているか。よくあるのは、「.csv」の部分を忘れてしまうことである。たとえば「d <- read.csv("Medaka")」では格納されない。ファイル名を" "で囲うことも必要である。「d <- read.csv(Medaka.csv)」では格納されない。
② 作業ディレクトリが、手順 ① で作った解析用フォルダ（Excel で作ったファイルが保存されているところ）になっているか。手順 ④ にある方法で確認しよう。

6 **データの並び順の指定**　上記のデータは、Locality に入っている地域名を
使ってどこのメダカのデータなのかを識別している。同様にほとんどの場合、
データのどれかを使って、何についてのデータなのかを識別する。そしてたとえ
ば、Tohoku, Kanto, Kansai, Kyushu 間で体長を比較する図を描いたりする。R
はこの場合、「Kansai, Kanto, Kyushu, Tohoku」とアルファベット順に図を並べ
る。しかし、図の並び順を指定したい場合もあるであろう。「Tohoku, Kanto,
Kansai, Kyushu」と北から順にというようにである。その場合は以下のように、
識別に用いるデータ列を上書きする（「d$Locality」の意味は5.3.5項（p.114）
を参照）。

```
データフレーム名 $ データ名 <- factor( データフレーム名 $ データ名 ,
levels = c("data1", "data2", "data3"))
# データ名で指定したデータに、data1, data2, data3が入っている
# データの並び順を data1, data2, data3にする
```

```
d$Locality <- factor(d$Locality, levels = c("Tohoku", "Kanto",
"Kansai", "Kyushu"))
# データの並び順を Tohoku, Kanto, Kansai, Kyushu にする
```

d$Locality に入っている地域名を並べたい順番に書く。d$Locality の中身
を上書きするために d$Locality に再格納する。名称を囲う " " を忘れないよ
うに。
　アルファベット順でよいのならこの命令文を実行する必要はない。

5.3.5　データの指定の仕方

　データフレーム（前項の例では d）にデータを格納したら、それらのデータを
使って色々な解析や作図を行っていく。このとき、データフレームの中の解析し
たいデータを指定する必要がある。たとえば d には、Locality, Length.
mm, Egg.number という3つのデータがあり、これら3つのどれかを指定して
解析を行う。それぞれのデータの指定の仕方は以下の通りである。

> データフレーム名 $ データ名

```
d$Locality
d$Length.mm
d$Egg.number
```

中身を確認したい場合は、「データフレーム名 $ データ名」を入力し実行してみる。たとえば d$Length.mm と入力して実行する。

```
> d$Length.mm  # 体長のデータを指定
 [1]31.9 36.4 36.5 37.4 30.6 32.6 38.4 36.2 34.5 ...
[36]34.5 32.4 33.5 45.1 35.7 34.2 39.0 36.6 30.5 ...
......
```

d$Length.mm の中身がこのように出てくる。

5.3.6　平均と標準偏差の計算

　地域ごとに、メダカの体長の平均と標準偏差を計算してみよう。tapply という命令文を使うと、地域ごとに一括して計算することができる。

> tapply (データフレーム名 $ 計算するデータ名 , データフレーム名 $ 識別に用いるデータ名 , 関数名)
> # 識別されたデータごとに、関数名にある計算を実行する

```
tapply(d$Length.mm, d$Locality, mean)
# 各地域の平均体長を計算
# mean は平均の命令文
tapply(d$Length.mm, d$Locality, sd)
# 各地域の体長の標準偏差を計算
# sd は標準偏差の命令文
```

d$Locality に入っている地域名で識別し、d$Length.mm に入っている体長

の平均と標準偏差を地域ごとに計算する。mean が平均の命令文、sd が標準偏差の命令文である。実行結果は以下のようになる。

```
> tapply(d$Length.mm, d$Locality, mean)
> # 各地域の平均体長を計算
Tohoku  Kanto  Kansai  Kyushu
34.584  32.876  32.112  30.244
> tapply(d$Length.mm, d$Locality, sd)
> # 各地域の体長の標準偏差を計算
   Tohoku     Kanto    Kansai    Kyushu
4.161650  5.388899  5.136450  5.308797
```

5.3.7　作図

作図をするためには tidyverse をインストールする必要がある。5.3.3 項の説明（p.109）に従ってインストールしておくこと。

地域ごとの体長の箱ひげ図を描いてみよう。

① tidyverse の読み込み

インストールした tidyverse を読み込むために以下の命令を実行する。

```
library(tidyverse)
```

RStudio 起動後、一度だけ実行すればよい。RStudio を終了して再び起動したときは再び実行する必要がある。

② 作図の命令文

作図は以下のように行っていく。

用いるデータの指定 ＋
描く図の指定 ＋
図の書式等の指定

用いるデータと描く図を指定し、図の書式等の命令を加えていく。書式等の命令文はいくつでも付け加えることができる。これらの命令文を + で繋げる。

箱ひげ図の場合は以下のようにする。

```
ggplot(データフレーム名,aes(x=識別に用いるデータ名,y=描くデータ名)) +
# 用いるデータを指定
geom_boxplot() + # 箱ひげ図を指定
labs(x = "x軸名", y = "y軸名") + # x軸名とy軸名を書き込む
theme_classic() # 図の背景を白にする
```

```
ggplot(d, aes(x = Locality, y = Length.mm)) + # データフレーム
d、識別に用いるデータLocality、描くデータLength.mmを指定
geom_boxplot() + # 箱ひげ図を指定
labs(x = " ", y = "Body length (mm)") +
# x軸の名称を書かずに、y軸の名称をBody length (mm)にする
theme_classic() # 図の背景を白にする
```

これらの命令文を一挙に実行(全部を選択して実行)すると、図3.8下図(p. 90)の箱ひげ図が描かれる。データフレームdを指定しているので、データの指定は Locality, Length.mm でよい。d$Locality, d$Length.mm にしてはいけない。各命令文を繋げる + を忘れないようにしよう。ただし、最後の命令文の後ろに + は不要である。

最小限必要な命令文は冒頭の2つだけである。

```
ggplot(d, aes(x = Locality, y = Length.mm)) +
geom_boxplot()
```

これを実行すると、軸の名称等は自動で描かれる。

第 *6* 章

検定に挑戦しよう

統計学における検定というものをご存じであろうか。比較したい母集団間で平均値に差があるのかどうかを調べたりする手法である。難しいかもしれないけれども、データを扱った研究に取り組むからには、ぜひとも挑戦してほしい。

　本章では、検定の基本的な考え方について説明する。

6.1　検定とは何か

　検定とは、標本から得られたデータを解析して、母集団にどういう傾向があるのかを調べる手法である。

　たとえば、東北のメダカと九州のメダカで平均体長に差があるのかどうかを調べたいとする。それぞれ50匹ずつからデータを取り、東北では 33.2 ± 5.3 mm（平均±標準偏差）、九州では 31.5 ± 4.9 mm という結果を得たとしよう。このデータを見て、「東北のメダカの方が平均体長が長い」と結論したとする。しかしそれは、**標本としてデータを取った50匹ずつに対して言っているのだ**。知りたいのは、それぞれの**母集団（東北のメダカ全体および九州のメダカ全体）の平均体長の違い**についてである。標本のデータにはどうしたって偶然のばらつきがつきまとう。もう一度調査をやり直したら、東北では 32.5 ± 5.0 mm、九州では 32.8 ± 5.1 mm などと結果が逆転するかもしれないのだ。こうした偶然性を考慮し、平均体長が母集団間で本当に違うのかどうかを判定する必要がある。

　あるいは、就寝前と起床後のどちらが記憶力が高いのかを調べるため、高校生に、就寝前または起床後に単語を記憶してもらったとする。その記憶成績が、就

要点3.9 検定とは何か

検定において行うこと

1 対立仮説と帰無仮説を立てる。対立仮説は、母集団に何らかの傾向があるとする仮説であり、帰無仮説は、そうした傾向はないとする仮説である。

対立仮説と帰無仮説の例

対立仮説	帰無仮説
・メダカの体長の平均に母集団間で差がある	・メダカの体長の平均に母集団間で差がない
・種子の発芽率は温度が高いほど高い（発芽率は温度に依存する）	・種子の発芽率は温度と無関係
・授業中の質問が多い生徒ほど成績が良い（質問数と成績に正の相関関係がある）	・授業中の質問数と成績は無関係
・起床後よりも就寝前に暗記する方が記憶しやすい	・記憶の時間帯と記憶力は無関係

2 帰無仮説が正しい場合に、偶然に、標本のデータ値またはそれよりも極端な値になる確率を計算する。その確率を P 値と呼ぶ。

3 P 値が非常に低ければ帰無仮説を棄却し、対立仮説が正しいと判定する。慣例では、P 値が 0.05 以下であるならば対立仮説が正しいと判定する。そして、「$P = 0.0XXX$ で有意」と、得られた P 値を結果に書く。

4 P 値が非常に低くはない（0.05 より大きい）場合は帰無仮説を棄却できない。そのため、対立仮説が正しいと判定することはできない。

検定の注意点

① 帰無仮説が正しいのに、帰無仮説を棄却して、対立仮説が正しいと誤判定してしまうことがある。これを第一種の過誤と呼ぶ。この過誤が起こる確率は P 値に等しい。したがって、P 値が小さいほど第一種の過誤が起きる確率は低い。

② 対立仮説が正しいのに帰無仮説を棄却できないこともある。これを第二種の過誤と呼ぶ。標本の数が多いほど第二種の過誤が起きにくくなる。

寝前だと 71.2 ± 14.1 点（平均 ± 標準偏差）、起床後だと 65.1 ± 13.8 点であった。しかしこれも、試験をやり直したら、就寝前だと 68.6 ± 13.9 点、起床後だと 71.9 ± 11.6 点などと逆転するかもしれない。

　母集団の状態について何らかの推定を行うためには、標本として採ったデータに潜む偶然性を考慮する必要がある。検定とは、こうした偶然性を考慮して、標本で見られた傾向が母集団にも本当にあるのかどうかを判定する行為である。

6.2　帰無仮説の棄却と対立仮説の採用

　ではどうすれば、データの偶然性を考慮して母集団の状態を判定できるのか。メダカの平均体長を例に考えていこう。

　検定では、対立仮説と帰無仮説というものを立てる（**要点 3.9**；p.119）。**対立仮説は、母集団に何らかの傾向があるとする仮説**である。たとえば、東北のメダカと九州のメダカで平均体長に差があるとする仮説である。これに対して**帰無仮説は、母集団にそうした傾向はないとする仮説**である。東北と九州で平均体長に差がないというのが帰無仮説になる。

　では、母集団間に平均体長の差があるという仮説（対立仮説）を立証（正しいと証明）することが可能かどうかを考えてみよう。標本の平均体長の差が 1.7 mm（= 33.2 mm − 31.5 mm）であったとする。ならば、母集団の平均体長に差がある場合に、標本における平均体長の差が 1.7 mm になる確率を計算してみたい。その確率が非常に高ければ、母集団間に平均体長の差があったので、標本でもこの差になったのだと推論できそうだ。しかし、この確率を計算することは不可能である。母集団間で平均体長に差があるといっても、どれくらいの差なのかがわからないからだ。袋から赤玉白玉を取り出すことを例に考えてみよう。赤玉と白玉が 50 % ずつ入った袋から 5 個の玉を取り出したときに、赤玉が 3 個で白玉が 2 個となる確率は計算できるであろう。かたや、袋の中の赤玉・白玉の比がわからず、しかも、その比率に無数の可能性がある場合はどうか。場合分け（赤玉が 0 % の場合、0.01 % の場合、0.02 % の場合、...）しようにも、比率の可能性が無数ではどうしようもない。だから、袋の中の存在比がわからない場合、確率の計算は不可能である。同様に、メダカの平均体長に母集団間で差があるといっても、差の程度は無数にありうる。差の程度が不明では、標本における

平均体長の差が 1.7 mm になる確率を計算することもできない。この確率を計算できないとなると、平均体長に差があるという仮説を立証することなどそもそも無理である。

一方、母集団における平均体長に差がない場合（帰無仮説が正しい）に、標本の体長差が 1.7 mm となる確率を計算することはできる。母集団での差は 0 mm という 1 つの状態しかないからだ。袋の中の赤玉と白玉の比がわかっていれば、取り出した玉の色の確率を計算できるのと同様である。平均体長が同じとはいっても、33.8 mm 同士の場合や 32.1 mm 同士の場合など色々あると心配するかもしれない。しかしこれは、全体の分布域が大きい方または小さい方にずれているだけであり、差にしてしまえば影響が消える。

平均体長に差がない場合は計算できるとしても、いったいどうすればよいのか。確かめたいのは、平均体長に差があるという仮説である。

そこでこのように考える。母集団の平均体長に差がないという仮説（帰無仮説）と差があるという仮説（対立仮説）は、どちらかが必ず正しい。ならば、**平均体長に差がないという帰無仮説を否定（棄却という）できれば、平均体長に差があるという対立仮説が正しいことになる。**

そこで、母集団の平均体長に差がない場合に、標本の平均体長の差が偶然に 1.7 mm 以上となることが稀なのかどうかを検討する。「以上」とするのは、1.7 mm よりも大きな差になる場合も考慮するためである。差が 1.7 mm になったのはたまたまであり、調査をもう一度やったら 1.8 mm の差になるかもしれない。1.7 mm の差よりも 1.8 mm の差の方が確率的に起きにくいのに、稀な現象として、1.7 mm だけを考え 1.8 mm を除外するのはおかしいであろう。これでは、稀な現象が起きる確率を低く見積もってしまうことになる。こうした過小評価を避けるため、「差が 1.7 mm 以上という稀な現象」を想定し、この現象の一部として 1.7 mm の差になったと考える。そして、差が 1.7 mm 以上となる確率を計算する。この、**標本での値またはそれ以上に極端な値になる確率を P 値**という。

P 値が非常に低ければ、母集団の平均体長に差がないのに、標本の平均体長の差が 1.7 mm 以上となることは非常に起こりにくいと考える。そして、母集団の平均体長に差があるからこそ標本でも差が出たと判定する。つまり、平均体長に差がないとする帰無仮説を棄却し、平均体長に差があるとする対立仮説が正しい

と判定する。慣例では、P 値が 0.05 以下の場合に対立仮説が正しいと判定する。たとえば P 値が 0.007 であったなら、「$P = 0.007$ で有意に差がある」と結果に書く。「有意」とは、統計的に意味があることを示す言葉である。

　体長差が 1.7 mm 以上となる確率がそれなりであった（P 値が 0.05 よりも大きい）場合は、母集団の平均体長に差がない場合でも、標本の平均体長が偶然にそれくらいの差になることもあると判定する。この場合は、平均体長に差がないとする帰無仮説を棄却することはできない。だから、平均体長に差があるという対立仮説が正しいとすることもできない。そのため、平均体長に有意な差はないと判定する。ただしこれは、平均体長に差がないことを立証したわけではない。差がない可能性を否定できないということである。この点、注意が必要だ。

第一種の過誤

　母集団の平均体長に本当は差がないのに、差があるとする対立仮説が正しいと誤判定してしまう可能性もある。たとえば、P 値が 0.007 なので対立仮説が正しいと判定したとする。しかしこれは、母集団に差がなくとも、標本で観察された体長差またはそれ以上の体長差になることが 0.007 の確率で起きるということである。つまり、対立仮説が正しいという判定は 0.007 の確率で間違っている。この誤判定を第一種の過誤と呼ぶ。この過誤が起こる確率は P 値に等しい。したがって、P 値が小さいほど第一種の過誤が起きる確率は低い。

　標本の数を増やしても第一種の過誤を減らすことはできない。考えてみれば当たり前で、ある P 値で棄却するとは、その確率で第一種の過誤が起きるという意味だからである。P 値 0.007 で棄却する場合、標本数がいくつであっても 0.007 の確率で第一種の過誤が起きることに変わりはない。

第二種の過誤

　母集団間で平均体長に差があるのに帰無仮説を棄却できないこともある。偶然に、標本のデータでは差が小さくなっている場合である。この場合、平均体長に差があるという対立仮説を誤判定で否定してしまうことになる。この誤判定を第二種の過誤と呼ぶ。標本の数が多いほど偶然の効果は小さくなるので、第二種の過誤が起きにくくなる。

6.3　検定の考え方とその手順：母集団の平均の差の検定の実験

　検定の考え方とその手順を実感するために、単語カードを使った実験をしてみよう。各100枚ほど入った単語カードを用意してほしい。表紙カードおよび緑や赤のプラスチックカードは取り除く。そして、カードの片面に数字を書く。下記のカードセット A, B を1セットずつ用意する。

カードセット A　0と3を1:1の比で書く。0, 3, 0, 3, 0, 3と書いていく。数値の平均が1.5の母集団である。

カードセット B　2と5を1:1の比で書く。2, 5, 2, 5, 2, 5と書いていく。数値の平均が3.5の母集団である。

　カードを、リングに沿ってくるりと回し数字をランダムに出す。1回の試行が1つのデータ採りにあたる。これを繰り返して、得たデータの平均を計算する。そして、母集団間に平均の差があるかどうかを検定してみる。

　実験は2人1組で行う。1人がカードを持ち、ランダムに数値を出して読み上げる。もう1人が数値を記録する。これを所定の回数繰り返す。

　本節の説明は、実際に実験を行わなくても理解できるようになっている。なので、実験を行わないからと読み飛ばさないでほしい。

母集団間に平均の差がない場合に、標本間に平均の差が出る確率の計算

　検定では、帰無仮説（母集団間に平均の差がない）が正しい場合に、偶然に、標本間に平均に差が出る確率を計算する。まずは、本実験におけるこの確率を計算してみよう。2つの母集団があり、どちらもカードセット A の状態になっている（どちらもカードセット B の場合も計算結果は同じである）。選んだカードが0または3である確率はどちらの母集団も1/2である。多数のカードを引く場合の計算はとても大変なので、2枚ずつ引く場合に平均の差が出る確率を計算してみる（**表3.2**）。

　同様の計算を、引くカードがもっと多い場合にも行える。組合せが複雑になるので手計算は無理だが、計算方法は同じである。10枚ずつ引く場合を**表3.3**に、20枚ずつ引く場合を**表3.4**に示す。その平均の差以上になる確率は、たとえば

表3.3の2.1以上の場合、平均の差が2.1, 2.4, 2.7, 3となる確率の和である。

| 表3.2 | **母集団の平均が同じ場合の、平均の差とその差になる確率** |

カードを2枚ずつ引く場合。平均差は、「大きい方の平均値－小さい方の平均値」である。
線に囲まれた枠内が、平均の差とその差になる確率である。確率を（　）内に示す。

		母集団1から得た標本の平均値（その確率）		
		0（1/4）	1.5（1/2）	3（1/4）
母集団2から得	0（1/4）	0（1/16）	1.5（1/8）	3（1/16）
た標本の平均値	1.5（1/2）	1.5（1/8）	0（1/4）	1.5（1/8）
（その確率）	3（1/4）	3（1/16）	1.5（1/8）	0（1/16）

平均の差が1.5の確率＝1/8×4＝1/2
平均の差が3の確率＝1/16×2＝1/8
平均の差が1.5以上になる確率＝1/2＋1/8＝5/8
平均の差が3以上になる確率＝1/8

| 表3.3 | **母集団の平均が同じ場合に、その平均の差になる確率およびその平均の差以上になる確率** |

　カードを10枚ずつ引く場合。平均差は、「大きい方の平均値－小さい方の平均値」である。
四捨五入の影響で、その平均の差以上になる確率が、それぞれの平均の差になる確率の和
とは微妙に異なっている部分もある。

平均の差	その平均の差になる確率	その平均の差以上になる確率
0	0.176197	1
0.3	0.320358	0.823803
0.6	0.240269	0.503445
0.9	0.147858	0.263176
1.2	0.073929	0.115318
1.5	0.029572	0.041389
1.8	0.009241	0.011818
2.1	0.002174	0.002577
2.4	0.000362	0.000402
2.7	0.000038	0.000040
3	0.000002	0.000002

表3.4	母集団の平均が同じ場合に、その平均の差になる確率およびその平均の差以上になる確率

カードを20枚ずつ引く場合。

平均の差	その平均の差になる確率	その平均の差以上になる確率
0	0.125371	1
0.15	0.238801	0.874629
0.3	0.206237	0.635828
0.45	0.161403	0.429591
0.6	0.114327	0.268187
0.75	0.073169	0.153860
0.9	0.042213	0.080690
1.05	0.021888	0.038477
1.2	0.010162	0.016589
1.35	0.004205	0.006427
1.5	0.001542	0.002221
1.65	0.000497	0.000680
1.8	0.000140	0.000182
1.95	0.000034	0.000042
2.1	0.000007	0.000008
2.25	0.000001	0.000001
2.4	0.000000	0.000000
2.55	0.000000	0.000000
2.7	0.000000	0.000000
2.85	0.000000	0.000000
3	0.000000	0.000000

検定の実験

　2つの母集団の平均が異なる場合に、検定によって差があると判定できるかどうかを実験してみよう。対立仮説は「母集団間に平均の差がある」、帰無仮説は「平均の差がない」である。

実験手順

⬜1 カードセット A（0と3が1:1）からカードをランダムに10回引き、数字の平均を計算する。

⬜2 カードセット B（2と5が1:1）からカードをランダムに10回引き、数字の平均を計算する。

⬜3 平均の差を計算する。平均の差は、「大きい方の平均値 − 小さい方の平均値」とする。

⬜4 **表3.3**から、その平均の差以上となる確率（P値）を読み取る。平均の差とP値を記録する。P値が0.05以下ならば、平均に差がないとする帰無仮説を棄却し、差があるとする対立仮説が正しいと判定する。

⬜5 これを何度も繰り返し行い、平均の差の分布をヒストグラムに描く。全実験班のデータを合わせれば効率的にデータを集めることができる。

⬜6 引くカードの数を20枚ずつにして同様の実験をしてみる。

結果と考察

平均の差のヒストグラムは**図3.26**の下図のようになるはずである。

母集団間に平均の差があると、標本間にも平均の差が出る確率が高い（**図3.26下図**）。一方、母集団間に平均の差がないと、標本間に大きな平均差が出る確率が低い（**図3.26上図**；**表3.3**，**表3.4**をヒストグラムにしたもの）。したがって、標本間の平均差が大きい場合には、母集団間に平均の差があったから標本間にも差が出たのだと判定する。つまり、平均の差がないとする帰無仮説を棄却し、差があるとする対立仮説が正しいと判定する。棄却の基準となる確率は0.05である。P値が0.05以下ならば対立仮説が正しいと判定する。

図3.26上図のピンク・赤・黒（黒はほとんど見えない）の棒の部分では、P値が低い（P値 ≦ 0.05）ために平均の差があると判定してしまう。しかしこのピンク・赤・黒の部分は、母集団間に平均の差がなくとも起こりうる部分である。これが第一種の過誤である（6.2節参照；p.122）。あるP値で平均に差があると判定することは、そのP値の確率で誤判定の可能性があるということである。

第一種の過誤が起こる確率は標本の数の影響を受けない。**図3.26**でも、カード10枚の場合と20枚の場合とで、帰無仮説を棄却してしまう確率（ピンク・赤・

黒の棒の頻度の総和）は変わっていない。

　一方、母集団間に平均の差があるのに、標本間の平均の差が小さく帰無仮説を棄却できないこともある（**図3.26下図**の白の棒の部分）。これが第二種の過誤（6.2節参照；p.122）である。この過誤を減らすためには標本の数を増やすことである。カード20枚の方（**図3.26右下図**）が10枚の方（**図3.26左下図**）に比べて、帰無仮説を棄却できる領域が広がっていることがわかるであろう。

　実際の研究では、母集団の状態は未知なので、「母集団間の平均差が○○だから標本間の平均差が◇◇になった」という議論はできない。できるのは、「標本

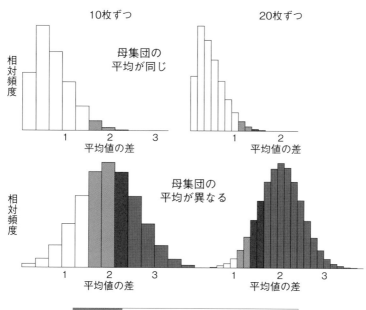

図3.26　標本の平均値の差のヒストグラム

上図：母集団間に平均の差がない場合（どちらも、0と3のカードが1:1）の、標本間での平均の差のヒストグラム。**表3.3**、**表3.4**をヒストグラムにしたものである。下図：0と3のカードの比が1:1の母集団および2と5のカードの比が1:1の母集団それぞれからカードを引いた場合の、標本間での平均の差のヒストグラム。左図：カードを10枚ずつ引いた場合。右図；カードを20枚ずつ引いた場合。白；帰無仮説が棄却されない。ピンク；P値が0.05以下で帰無仮説を棄却。赤；P値が0.01以下で帰無仮説を棄却。黒；P値が0.001以下で帰無仮説を棄却。

間の平均差が◇◇なのは、母集団間の平均差が○○だからであろう」という推定だけだ。**この推定の根拠となるのが、標本においてそのデータ値になる確率**である。あなたが取ったデータを見るとき，そのデータの値になる確率を常に意識してほしい。

6.4　t 検定に挑戦

　前節のカード実験で検定の考え方を理解したところで、実際の検定手法を用いた検定に挑戦してみよう。t 検定（ウェルチの t 検定）と呼ばれる、最も基本的な検定手法である。

6.4.1　t 検定とは何か

　t 検定とは、2 つの母集団間に平均の差があるのかどうかなどを調べる検定手法である。適用できる条件があり、**比較する両母集団とも、データ値の分布が正規分布をしていることが必要**である（正規分布の説明は次段落で）。**正規分布ではない場合には適用できない。**

　正規分布とは、**図 3.6**（p.85）の左図のように、データ値の分布が左右対称の釣り鐘型をしたものである（詳しくは、高校数学の教科書や統計の本を参照）。人間の身長・年平均気温・試験の成績など、実に多くのものが正規分布をする。データ値の分布の仕方として最も普遍的なものである。

　得られたデータのヒストグラムを描いて、正規分布をしていそうかどうか判断しよう。判断は見た目でよい。たとえば**図 3.7**（p.88）のような分布なら正規分布と判断してよい（この図のデータは、パソコン上で、正規分布からランダムにデータを取ったものである）。正規分布かどうかを調べる統計手法があるのであるが、高校レベルでは使わなくてもよいであろう（ただし、共立出版のウェブサイトにある本書の付録に、正規分布かどうかの判定方法を載せている）。

　t 検定には、対応があるデータでの検定と対応がないデータでの検定の 2 つがある。「対応がある」とは、同じ対象から 2 種類のデータを取った場合のことをいう。たとえば同じ人に、就寝前および起床後に単語記憶をしてもらい、両時間帯の記憶成績を比較するとする。就寝前の成績と起床後の成績は、同じ人のものとして対応している。一方の「対応がない」はこれ以外の場合をいう。たとえば、

東北のメダカと九州のメダカで体長を比較するとする。別々の個体からデータを取るので、対応関係がない t 検定となる。

t 検定も、**要点 3 . 9** （p.119）にある手順で検定を行う。対立仮説は、比較する 2 つの母集団間に「平均の差がある」であり、帰無仮説は「平均の差がない」である。たとえば、東北のメダカと九州のメダカの平均体長を比較するとする。標本として採ったデータでは、平均体長の差が 1.7 mm であったとしよう。正規分布をしており、平均体長に差がない 2 つの母集団からデータを採った場合に、平均体長の差が偶然に 1.7 mm 以上になる確率を計算する（こうした計算は統計ソフトが行ってくれる）。これは、6.3 節（p.123）のカード実験での確率計算と同様の手順である。異なるのは、正規分布をしているものからランダムにデータを採るということだけだ（カード実験では、「0 または 3」「2 または 5」からランダムにデータを取った）。そして、平均値の差が偶然に 1.7 mm 以上となる確率が 0.05 以下であれば、帰無仮説を棄却し、母集団間に平均の差があるとする対立仮説が正しいとする。

6.4.2 t 検定に挑戦

t 検定は、統計ソフトを使えば簡単に行うことができる。第 5 章（p.100）で紹介した統計ソフト R を使って t 検定をしてみよう。R の使い方は、第 5 章または、共立出版ウェブサイトの本書の付録を参照してほしい。

対応のある t 検定

まずは対応のある t 検定をしてみる。同じ人に、就寝前および起床後に単語を記憶してもらい、両時間帯の記憶成績を比較するとする。20人の高校生の記憶成績が、Excel ファイル「Memory.csv」に入っている（これは架空のデータである）。就寝前に単語記憶を行ったとき（Night）と、起床後に単語記憶を行ったとき（Morning）の記憶成績で、同じ被験者の成績が同じ行に入っている。共立出版

	A	B
1	Night	Morning
2	86	70
3	60	51
4	54	43
5	75	53

ウェブサイトにこのファイルがあるのでダウンロードしてほしい。

データの格納

> `d <- read.csv("Memory.csv")` # Excel ノァイル「Memory.csv」を
> データフレーム d に格納。

対応のある *t* 検定

> `t.test(`データ列A, データ列B, `paired = TRUE)` # データ列 A の平均値
> とデータ列 B の平均値の差を t 検定。`paired=TRUE` が対応関係があること
> を意味する。

> `t.test(d$Night, d$Morning, paired = TRUE)` # d$Night に入ってい
> る就寝前の記憶成績と、d$Morning に入っている起床後の記憶成績の平均値の
> 差を t 検定する。

検定結果

```
        Paired t-test

data:  d$Night and d$Morning
t = 4.4755, df = 19, p-value = 0.0002592
alternative hypothesis: true mean difference is not equal to 0
95 percent confidence interval:
  4.97733 13.72267
sample estimates:
mean difference
           9.35
```

一番下にある「mean difference 9.35」が平均値の差である。これは、就寝
前（Night）の平均値から起床後（Morning）の平均値を引いたものである。「1
つ目のデータ列の平均 − 2 つ目のデータ列の平均」という引き算である。

「p-value = 0.0002592」が、帰無仮説（平均に差がない）が正しいときに、平均値の差が偶然に絶対値 9.35 以上になる確率である。その確率は 0.05 以下であるので帰無仮説を棄却できる。つまり、就寝前に記憶する母集団と起床後に記憶する母集団間とで、記憶成績の平均に差があるということである。「$P = 0.0002592$ で平均に有意な差があった」などと記載する。

Excel で行う場合は、「t 検定：一対の標本による平均の検定」を選択して実行する。

対応のない t 検定

対応のない t 検定の場合は「paired = TRUE」を書かない。たとえば、就寝前の被験者と起床後の被験者が異なり、両データに対応関係がないとする。その場合は以下を実行する。

> t.test(データ列 A, データ列 B) # 対応のない t 検定。データ列 A の平均値とデータ列 B の平均値の差を t 検定。

t.test(d\$Night, d\$Morning) # 対応がない場合の、d\$Night に入っている就寝前の記憶成績と、d\$Morning に入っている起床後の記憶成績の平均値の差の t 検定。

```
        Welch Two Sample t-test

data:  d$Night and d$Morning
t = 2.4833, df = 37.964, p-value = 0.01755
alternative hypothesis: true difference in means is not equal to 0
95 percent confidence interval:
  1.727517 16.972483
sample estimates:
mean of x mean of y
    65.05     55.70
```

結果の表示が少しだけ異なる。1 番下に、それぞれの平均値が、1 つ目のデータ列・2 つ目のデータ列の順に並ぶ。p-value の見方は同じである。

ついでに書いておくと、対応のある t 検定の方が P 値が低く帰無仮説を棄却し

やすい。記憶力は人によって異なる。記憶力が良い人における記憶成績の違いと、悪い人における違いを区別している解析の方が、両者をごちゃ混ぜにした解析よりも記憶時間帯の効果を検出しやすいということである。

　Excelで行う場合は、「t検定：分散が等しくないと仮定した2標本による検定」を選択して実行する。「t検定：等分散を仮定した2標本による検定」というのもあるが、これは使わないというのが最近の考えである。

6.5　検定を行う上での注意事項

　検定を行う上での注意事項を述べておく。

6.5.1　母集団におけるデータ分布の形の推定が鍵

　検定で最も大切なのは、帰無仮説が正しい場合に、標本のデータが、その値またはより極端な値になる確率（P値）を計算することである。そのためには、**母集団において、あなたが扱っているデータがどういう形の分布をしているのかを推定する必要**がある。たとえば、**図3.6**（p.85）の左図のように左右対称の形をしているのか、右図のように非対称な形をしているのか、あるいはもっと他の形なのかを推定しなくてはいけない。この推定は非常に重要である。母集団でデータがどういう分布をしているのかが、ランダムにデータを取ったときに、標本でのデータ値がどうなるのかに影響するからだ。たとえば、データ値が左右対称に分布する場合と非対象の場合（**図3.6**；p.85）とでは確率の計算結果がかなり異なる。

　データの分布の形にはいくつかのパターンがあることがわかっており、6.4節（p.128）で説明した正規分布の他にも、ガンマ分布・ポアソン分布・二項分布（ここでは、これら分布形の説明はしない）などといったものがある。だから実際に行うのは、あなたのデータが、これら既知の分布形のどれに当てはまるのかを推定することである。その推定は、標本におけるデータ分布の状態を見たり、経験則を元にしたりして行う（詳しくは統計の本を参照のこと）。

6.5.2　実際の計算は統計ソフトで行う

　実際の計算は統計ソフトで行う。標本のデータがその値になる確率も、帰無仮

説を棄却できるかどうかも統計ソフトが算出してくれる。第 5 章（p.100）で紹介した R が絶対におすすめの統計ソフトである。

6.5.3　理解できていないのならやらない

最後に大切なことを述べる。**検定のことを理解できていないのならやらない**ということである。理解不足で実行すると、とんでもない間違いをすることになりかねないのだ。

検定にはいくつもの方法があり、あなたのデータの分布形に合った検定法を実行する必要がある。しかし困ったことに、あなたのデータには適用できない検定法であっても、統計ソフトで命令を実行すれば何らかの検定結果が出てしまう。しかし、その検定結果はまったく信用できない。されど、その検定法のことを理解できていないとそのことに気づかない。間違った検定結果が一人歩きしてしまうことになる。

検定を行わない場合は、データを図や表にまとめ、そこから言えそうなことを推察するに留めよう。「東北のメダカの方が平均体長が長い傾向がありそうである」「就寝前に記憶すると、記憶力試験の成績が上がる傾向がありそうである」などと考察する。このように、推察であると明確にした上で考察をしていこう。

6.6　一般化線形モデルの奨め

検定をしてみようと調べてみると、いろいろな種類の検定手法を目のあたりにして困ってしまうかもしれない。理解しようにも、どれから勉強したらいいのかわからない。そこで本節では、とっかかりとなる検定手法を紹介する。**一般化線形モデル**というものだ。

一般化線形モデルは非常に強力な検定手法である。何より良いのは、母集団におけるデータ分布の形に関して、正規分布・ガンマ分布・ポアソン分布・二項分布など、いくつもの異なるものを分析できることである。**高校生が扱うデータのほとんどを一般化線形モデルで解析できる**と思う。統計・作図ソフト R を使うと、一般化線形モデルを簡単に実行できる。共立出版ウェブサイトに実行方法を載せているので、ぜひ挑戦してほしい。

第4部
論文執筆・プレゼン準備の前に

　読者・聴衆にわかってもらうこと、それが、論文においても、口頭発表やポスター発表というプレゼンテーション（プレゼン）においてもまずもって大切である。わかってもらうために、論文・プレゼンに共通して知っておいてほしいことがある。論文執筆およびプレゼンの準備をする上で心がけるべきこと。わかりやすい論文・プレゼンとはどういうものなのか。わかってもらうために大切なことは何か。第4部でこれらを説明する。

第1章

論文執筆・プレゼンにおいて心がけること

本章では、論文執筆・プレゼンにおいて心がけてほしいことを説明する。

1.1 論文執筆・プレゼンは、他者にわかってもらうために行う

あなたは、何のために論文執筆・プレゼンをするのか。その目的は明確だ。あなたが伝えたいことを、**他者にわかってもらうために行う**のである。そんなの当たり前と思ってはいけない。この目的を頭に刻み込む必要がある。

あなたは、何らかの研究成果を出し、それを他者に伝えようとしている。せっかくの研究成果も、他者に伝わらなかったらまったく意味なしである。だから絶対に、他者にわかってもらう必要がある。

1.2 他者は冷たい存在である

では、論文を書きさえすれば、プレゼンを行いさえすれば、あなたの研究成果が自動的に他者に伝わるのか。いや、そんなわけもない。**他者は冷たい存在**なのだ。

他者は、あなたのために、あなたの論文を読んだりプレゼンを聴いたりするのではない。自分自身のために行うのだ。あなたの論文・プレゼンから刺激を得たい、新知見を得たいなどと思っているわけである。こうした姿勢であるがゆえに他者は、**あなたのために、あなたの研究成果を理解する努力**などしてくれない。自分自身のためになら理解する努力をする。

理解する努力をしてくれるのかどうかは以下の2つにかかっている。

① あなたの研究成果が、自分（読者・聴衆）にとってどれだけ興味深そうか
② 理解するのにどれくらいの努力が必要か

興味深そうなほど理解の努力をしてくれる。しかし、たくさんの努力を強いられるほど理解する気力が失せる。いくら興味深そうでも、理解を放棄されてしまう可能性があるのだ。

1.3　理解の努力が最小の論文・プレゼンにする

　だから、理解の努力が最小ですむ論文・プレゼンにしなくてはいけない。前節の①（興味深さ）は、研究成果が出た時点でだいたい決まってしまうので、今からはどうしようもない。しかし前節の②（理解の努力）は、論文執筆とプレゼン技術の問題である。だからあなたは、②の改善に全力を注がなくてはいけない。

　たまに見受けられるのは、「わかってくれる人だけわかってくれればいい」といった開き直りである。「興味深い研究成果なのだから、誰かは頑張って理解してくれる」と。甘い。けっして、**他者の努力などという不確かなものに期待を寄せてはいけない**。そんな暇があったら、あなた自身が努力するべきである。

　論文・プレゼンとは、情報を他者に届ける乗り物である（**図 4.1**）。あなたは、論文・プレゼンという乗り物に情報を乗せて他者に届けようとしているのだ。乗り物の性能（わかりやすさ）と、その乗り物が乗せている情報の価値は別物である。乗せている情報の価値が高いからといって、乗り物の性能が自然と上がるわけもないのだ。どんなにすごい情報も、乗り物の性能が低ければ（わかりにくければ）他者に伝わることはない。あなたの大切な情報を送り出すのだから、可能な限り性能の高い乗り物に乗せてあげようではないか。

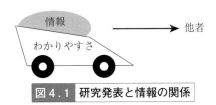

図 4.1　研究発表と情報の関係

研究発表とは、情報を他者に届ける乗り物である。乗り物の性能（わかりやすさ）と、その乗り物が乗せている情報の価値は別物だ。

第 *2* 章

わかりやすい
論文・プレゼンのために

本章では、わかりやすい論文・プレゼンにするために大切なことを説明する。

要点4.1 わかりやすい論文・プレゼンのために大切なこと

① わかりやすくしようという意識を持つ
② 必要かつ不可欠な情報だけを示す
③ 情報の保持と処理の負担をかけない
④ 論理的な主張をする
⑤ 読者・聴衆が待っている情報を与える
⑥ 読者・聴衆の疑問に配慮する
⑦ 読者・聴衆の知識を想定する

2.1　わかりやすくしようという意識を持つ

　私が思うに、**論文執筆・プレゼン技術の中で一番大切なことは、わかりやすくしようという意識を持つこと**である。わかりにくい論文を書き、わかりにくいプレゼンをする人は、そもそもこの意識がないのだ。この意識があるならば、わかりやすくしようと改善の努力をする。「この説明でわかるのか？」「どう直せばわかりやすくなるのか？」を考える。意識がない人はこうしたことを考えない。意識がある人は向上し、意識がない人は向上しないのである。

　以下は大真面目な助言である。普段の生活から「気遣いの心」を養ってほしい。わかりやすさとは要するに他者に対する気遣いなのだ。「こうすればわかりやすくなる」「この部分が伝わりにくいのでは」といった、他者の側に立った気遣いができるかどうか。「気遣いの心」はおそらく、論文執筆・プレゼンのときにの

み発揮されるのではなく、普段の生活から発揮されているものなのだ。

2.2　必要かつ不可欠な情報だけを示す

　わかりやすくするために重要なことは、話の筋道をできるだけ明快にすることである。そのためには、話の寄り道をなくし、本筋だけからなる話にすることである。つまり、無駄な情報を排除し、本筋に関わる情報だけを示すことである。

　だから、論文・プレゼンでは、**結論を導くのに必要かつ不可欠な情報だけを提示**しよう。何らかのことを主張（結論）するために論文・プレゼンはあるのだから、すべての情報は、結論を導くために存在するべきなのだ。結論を決めて話の道筋を立てたのなら（第2部第6章参照；p.60）、必要不可欠な情報は自ずと決まってくるはずである。それ以外の情報を一切入れてはいけない。せっかく調べたのだから、やったのだからという理由で、結論を導くのに不要な情報を入れてはいけない。無駄な情報は話をわかりにくくするだけである。

　論文・プレゼンは、頑張ったことを示す場ではない。あなたの主張を効率よく伝える場である。あなたが得たデータ・事実に対して非情にならないといけない。

2.3　情報の保持と処理の負担をかけない

　論文・プレゼンは、いくつもの情報が積み重なってできあがっている。だから、1つ1つの情報も楽に理解できるようにする必要がある。そのためには、**情報の保持と処理という2種類の作業の負担をかけない**ことである。

　読者・聴衆は、入ってきた情報を頭の中に一時的に保持しつつ、その情報を頭の中で整理していく。たとえば、「27＋36」を暗算するときには、27と36という2つの数字を頭の中に保持し、それらの足し算という処理を行っていく。こうした作業は、作業記憶と呼ばれる領域で行われる。作業記憶の容量は小さい。情報を保持するだけに専念したとしても、だいたい7個（単語なら7単語、数字なら7つ）しか一どきには覚えていられない。情報を保持しながら処理を行うとなると、処理能力はかなり下がる。たとえば上述の計算を、「27＋36＝？」というスライドを見ながら行う（保持の負担が減る）のと、何も見ずに行う（保持の負担がかかる）のとでは、計算の楽さがずいぶんと違うはずだ。

　だから、わかりやすい論文・プレゼンにするためには、**読者・聴衆に何も覚えさせないこと**である。たとえば、さしたる必要性もないのに新しい言葉を定義して、その言葉を使って説明するなどをしてはいけない（第6部1.4節参照；p.236）。それでは、その言葉を覚えるという負担を強いることになるからだ。そして、**読者・聴衆に何も解読させないこと**である。論文の場合は、一読で理解できる文章にするように努める。プレゼンの場合は、何も考えなくても、見ればすぐに理解できるようにする（その方法は第6部参照；p.227）。こうすることで読者・聴衆は、負担なくあなたの論文・プレゼンを理解できるようになる。

2.4　論理的な主張をする

　読者・聴衆が、その主張を導く論理を理解できることもまた大切である。たとえば、日本代表の強さの秘密を調べた研究で、以下のように結論してあるスライドが出てきたとしよう。

> 寿司をたくさん食べたからといって、試合に勝つわけではなかった
> ↓
> 日本代表が強いのは寿司を食べているから

情報量が少なく単純なので「わかりやすい」はずだ。しかし読者・聴衆は「？」である。「試合に勝つわけではなかった」のにどうしてこう結論できるのか。これでは理解しようがない。

　「**わかる**」とは「**理解する**」ということだ。読者・聴衆は、理解できないことを受け入れて（わかって）くれはしない。だから、発表の論理性自体も、きちっと吟味しないといけない。

2.5　読者・聴衆が待っている情報を与える

　読者・聴衆は話を読み（聴き）ながら、「次はこういう情報が来る」と、無意識にせよ待つものである。たとえば序論において、日本代表が強い理由として、

「寿司を食べているおかげ」という着眼を述べたとする。すると読者・聴衆は、寿司に着眼する理由の説明を待つ。だから続いて、「寿司は良質なタンパク質」「選手はよく食べている」という情報を与える必要がある。読者・聴衆が待つ情報は、話が進むにつれて次々と変化していく。話の最初から最後まで、読者・聴衆が待っている情報を与え続けること。そうすれば、引っかかりのない流れるような話にすることができる。

2.6　読者・聴衆の疑問に配慮する

　読者・聴衆の疑問に配慮し、それに応える情報を示すことも心がけよう。そのためには、**ある話をしたら、読者・聴衆はどういう疑問を抱くのかを考えること**である。そして、その話の「前」か「すぐ後」に疑問に応える説明をすることである。その話の「前」にあらかじめ説明しておくと、そもそも聴衆は疑問を抱かずにすむ。たとえば、「普通の寿司と熟成させた寿司で効果に違いはなかった」と言いたいとする。この情報をいきなり示すと読者・聴衆は、「熟成させた寿司って何だ？」と思うことであろう。ならば前もってその説明をしておくことである。その話の「すぐ後」に説明するとはつまり、前節の例のように、「寿司を食べているおかげ」という着眼を述べたら、そう着眼する理由を続けて説明するということである。

2.7　読者・聴衆の知識を想定する

　読者・聴衆の知識を想定することも大切である。そして、読者・聴衆が知らないであろうことは、前もって説明しておかなくてはいけない。理解というものは、自分の知識にないことが出てくると止まってしまうのだ。たとえば、「マイクロサテライトマーカーを用いて生徒30人の遺伝子を調べた」と言われても、高校生の多くは理解できないであろう。マイクロサテライトマーカーが何なのかわからないためだ。「遺伝子の違いを調べる手法の一つであり、個人の DNA 鑑定を行うことができる」などといった説明があれば、理解できるはずだ。

　だから、論文執筆・プレゼンにおいては、高校生ならば誰もが知っていること以外のことは必ず説明しなくてはいけない。具体的には以下の2つである。

・研究を進めながら、あなたが新たに知ったこと

・その授業科目を履修していないと知らないであろうこと

1つ目はおそらく、そのテーマで研究を行わない限り知らないことである。だから、ほとんどの高校生は知らないと考えるべきだ。2つ目も留意しよう。たとえば、物理選択の人が知っていることを、生物選択の人が知っているとは限らない。

　あなたの知識と同じものを読者・聴衆が持っているわけではない。このことを常に意識して、論文執筆とプレゼンを行ってほしい。

第5部

論文・プレゼンの各部分で書き示すこと

いよいよ、論文の執筆や、プレゼンテーション（プレゼン）に用いるスライド・ポスターの作成に入る。第5部ではまず、論文・プレゼンの構成の練り方を説明する。ついで、タイトル・序論・研究方法・研究結果・考察・結論・要旨といった各部分の書き示し方、図表の提示の仕方、引用文献・参考文献の示し方を説明していく。書き示すべき内容のほとんどは、論文とプレゼンに共通するものである。違う部分は注意書きをしている。

第5部でも、良い例や悪い例を示しながら説明をしていく。こうした例はすべて論文を想定したものであり、書き示すべきことを文章主体で述べるという形になっている。かたやプレゼンでは文章で説明してはいけない。プレゼンでの説明の仕方は第6部（p.227）を参照してほしい。

説明に用いる例では、各文の役割を示すため、[ ]内にその役割を書き、該当部分を下線で記している。実際の論文・プレゼンではこのようにする必要はない。

各部分の説明では、序論で説明すべきことを最初に取り上げる。序論を作り上げることが、研究の意義を明確にすることにつながるからだ。意義が明確になったら、他の部分で示すべき情報は自ずと決まる。

第 **1** 章

論文・プレゼンの構成を練ろう

　まずは、論文やプレゼンの構成を練ろう。けっして、構成を練らずに書き出してはいけない。設計図を作らずに闇雲に組み立てても、まともなものができるはずがないのだ。

　本章ではまず始めに、論文・プレゼンの構成を説明する。次いで、構成の練り方の説明をする。

1.1　基本的な構成

　論文・プレゼンの基本的な構成を**要点5.1**に示す。ただし、研究分野によってはこの構成をとりにくいかもしれない。その場合は、あなたの研究にあった構成に変えてよい。各項目の名称も研究分野によって異なるかもしれない。たとえば、「研究方法」ではなく「材料と方法」「実験方法」などであったり、「結果」ではなく「解析」であったりするかもしれない。あなたの研究分野の論文・プレゼンを参考にして、分野に相応しい名称にしてほしい。

　図表は、論文・ポスター発表の場合、その図表について最初に言及する部分のそばに配置する。口頭発表の場合はもちろん、その図表について言及するスライドで提示する。

　プレゼンでは、**引用文献・参考文献のリストを出す必要はない**。スライドもポスターもその場限りのものであり、記録として残すものではないので（講演集として残すこともあるが）、リストがあっても聴衆は活用しにくいのだ。それに加え、発表時間やポスターのスペースには限りがあるということもある。有限な時空間を、リストの提示ではなく研究内容の説明に使う方がよい。ただし、**先行研**

要点 5.1　論文・プレゼンの構成の基本

構成項目	示すこと	論文	プレゼン（口頭発表・ポスター発表）
タイトル	研究のタイトル	○	○
著者名・高校名	全員の氏名・高校名　指導教員名を入れてもよい	○	○
要旨	研究内容の要約	○	×
序論	問題提起	○	○
研究方法	研究方法の説明	○	○
結果	結果の提示	○	○
考察	結果等の考察	○	○
結論	取り組んだ問題に対する結論	○	○；まとめの中で提示
まとめ	結論と、それを支える根拠の簡潔なまとめ	×；短い論文　○；長い論文	○
謝辞	お世話になった方々への謝辞	○	×；時空間に余裕がない場合　○；余裕がある場合
引用文献・参考文献リスト	引用した文献・参考にした文献のリスト	○	×
図表	その図表について最初に言及している部分で提示	○	○

○；必要　×；不要

要点 5.2　論文・プレゼンの構成を練る上で大切なこと

① 章立てをする
② 結論を支えるのに不要なデータ・事実、失敗した実験・解析・観察・調査等を載せない
③ やったことを、やった通りの順番で説明しない
④「方法 → 結果 → 方法 → 結果」という順番で説明しない
⑤ 序論で、「動機」という見出しを使わない

究について言及する部分では、その先行研究を必ず示すこと。たとえば、「日本代表の選手は寿司が好き（酒井 2024）」などとして先行研究（この例では「酒井

2024」)を明示する必要がある。

1.2　章立てをしよう

　わかりやすい論文・プレゼンのためには章立てをすることが鉄則である。章・節・項といった、階層構造を持つまとまり(章の中に節があり、節の中に項がある)を作るのだ。そして、**各部分に見出しをつける**。こうすることで、その部分で何が示されるのかを読者・聴衆は知ることができる。

　章立ては、**要点 5.1**(p.145)に示した構成に従って行う。そして必要に応じて、その章の下にいくつかの節・項などを設ける。たとえば、日本代表の強さの秘密を調べた研究では、以下のような章立てをする。

例 5.1　章立ての例

なぜ、日本代表は強いのか：勝利を呼ぶ寿司仮説の検証

I. 序論
II. 材料と方法
　1. 研究対象
　2. 調査・実験方法
　　1)寿司を食べた回数と勝利数の関係
　　2)寿司を食べるかどうかが勝利数に与える影響
　　3)寿司を食べるかどうかが俊敏性に与える影響
　3. 統計処理の方法
III. 結果
　1. 寿司を食べた回数と勝利数の関係
　2. 寿司を食べるかどうかが勝利数に与える影響
　3. 寿司を食べるかどうかが俊敏性に与える影響
IV. 考察
　1. 寿司仮説の検討
　2. 寿司の効果に関する他の研究
　3. 日本代表が強い理由に関する他の仮説との比較検討
　V. 結論
＊ 各見出しの前の番号は、階層構造を明確にするためにつけたものである。実際には、つけてもつけなくてもよい。

1.3　論文・プレゼンの構成に関する注意事項

　本節では、論文・プレゼンの構成を練る上で大切なこと（**要点 5.2**；p.145）を説明する。

1.3.1　結論を支えるのに不要なデータ・事実、失敗した実験・解析・観察・調査等を載せない

　論文・プレゼンは、あなたが出した研究成果を簡潔に伝えるためのものである（第4部2.2節参照；p.139）。だから、結論を支えるのに不要なデータ・事実を載せてはいけない。失敗した実験・解析・観察・調査等のことも載せてはいけない。**結論を支えるのに必要なデータ・事実だけを載せる**ことを心がけてほしい。

1.3.2　やったことを、やった通りの順番で説明しない

　論文・プレゼンは、あなたが行った研究経緯を説明するためのものではない。あなたが出した研究成果を説明するためのものである。だから、**研究過程で行ってきたことすべてを、順番に1つずつ説明する必要はない**。たとえば、以下のような経過で研究が進んだとする。

---

① 実験 A をやったが失敗した。
② 実験 B をやったところ、今度はうまくいった。
③ 実験 B との対比を見るために実験 C もやったところ、うまくいった。

こうした場合に、「実験 A をやったが失敗 → 実験 B が成功 → 実験 C もやってみた」と説明してはいけない。まずもって、失敗した実験 A の話は不要である。実験 B, C も、やった順番に示すのではなく、論理の流れに沿った順番で示すようにしよう。「実験 B → 実験 C」と「実験 C → 実験 B」のどちらか、より論理的な流れの方にするべきである。

1.3.3　「方法 → 結果 → 方法 → 結果」という順番で説明しない

　研究方法の説明には、単に方法を説明すること以上の意味がある。それは、**取り組む問題を解決するために行ったことの全体像を示す**ことである。その方法を用いることにより、取り組む問題を解決することができる。このことを、全体像を示すことで読者・聴取に納得してもらうのだ。だから序論に続いて、研究方法をすべて説明する必要がある。

　ところが、「方法 A → 結果 A → 方法 B → 結果 B → 方法 C → 結果 C」という感じで、研究を部分部分に分けて説明していく論文・プレゼンが少なくない。これでは読者・聴衆は、研究の全体像を掴むことができず、「どういう話になっていくのか？」と戸惑いながら読み（聴き）進めることになる。こうした説明の仕方はやめにして、**研究方法をすべてまとめて説明してから、結果をまとめて説明する**ようにしよう。

1.3.4　序論で、「動機」という見出しを使わない

　序論の中に、「動機」「研究動機」という見出しを立てている論文・プレゼンがある。生徒さんが自主的にこの見出しを立てたというより、画一的な様式として指導者側が設定しているようだ。しかし、「動機」「研究動機」という見出しはやめるべきだ。こういう見出しだと、「動機」「きっかけ」「経緯」を書いてしまうからである。たとえば、「インターネットで○○を見て面白いと思った」とか、「先輩の研究発表を聴いて興味を抱いた」などといったことである。しかしこれらは、その問題に取り組む学術的な理由ではない。単なる個人的な経緯であり、読者にとっては無駄な情報でしかない。見出しを立てるのなら、「背景」「研究の背景」といったものにすべきだ。これならば、学術的な理由を説明しなくてはという気持ちになるからである。

第2章

序論で書き示すこと

研究においては、自分の興味を他者（読者・聴衆）の興味にすることが大切である（第1部2.1節参照；p.8）。そのためには、その研究を「どうしてやるのか」（取り組む問題と取り組む理由）を説得することである（第1部2.2節参照；p.10）。その役割を担うのが序論だ。読者・聴衆に興味を抱いてもらえるかどうかは序論にかかっている。本章では、序論で書くべきことを説明する。

要点5.3　序論の5つの骨子

① **何を前にして**
　　研究の出発点。その研究が踏まえている事柄。
② **どういう問題に取り組むのか**
　　その研究で取り組む問題。
③ **取り組む理由は**
　　その問題に取り組む理由。以下のどちらかである。
　　　◇ その問題の解決が、上位の問題の解決につながる。
　　　◇ その問題の解決自体に意義がある。
④ **どういう着眼で（着眼理由も）**
　　問題解決のために着眼したこと。以下のどちらかである。
　　　◇ 取り組む問題に対する仮説
　　　◇ 取り組む問題の解決方法のアイディア
⑤ **何をやるのか**
　　取り組む問題を解決するために、その研究で行うこと。

＊ 赤字は、とくに意識して書くべきこと。赤字の3つを意識して書けば、説得力のある序論に自然となる。
＊ 上記の順番か、②と③を逆にした順番のどちらかで書き示す。

| 2.1 | 序論で示すべき5つの骨子 |

　読者・聴衆に興味を持ってもらうためには、その研究で「取り組む問題」とその問題に「取り組む理由」を説明した上で、その問題の解決のために「何をやるのか」を説明することである（第1部2.2節参照；p.10）。序論では、この3つを含めた5つの骨子（**要点5.3**；p.149）に基づいた説明を行う。そうすると読者・聴衆は、あなたの研究の意義を理解してくれるであろう。

　日本代表の研究例で見てみよう。

例5.2　序論の5つの骨子

なぜ、日本代表は強いのか：勝利を呼ぶ寿司仮説の検証
【5つの骨子】
何を前にして　日本代表は強い。その俊敏さで相手を翻弄している。
どういう問題に取り組むのか　なぜ、日本代表は強いのか？　俊敏さの源は？
取り組む理由は　強さの秘密を解明できれば、日本代表の継続的強化に適用できる。
どういう着眼で（着眼理由も）　寿司のおかげで俊敏さ向上？　寿司は良質なタンパク質。選手はよく食べている。
何をやるのか　寿司を食べているから強いという仮説を検証。

【序論本文】
　［何を前にして］日本代表は強い。どの試合でも、その俊敏さで相手を翻弄している。
　［取り組む問題］なぜ、日本代表は強いのであろうか。俊敏さの源は何なのだろうか。［取り組む理由］その理由を解明できれば、日本代表の継続的強化に適用できるであろう。
　［着眼］日本代表の選手は寿司が好きで、頻繁に食べているらしい。寿司は非常に良質なタンパク質で栄養価が高い。もしかしたら寿司は、サッカー選手の俊敏性向上に役立つのかもしれない。日本代表が強い理由の1つは、寿司を食べて俊敏さを手にしているからであろうか。
　［何をやるのか］本研究では、寿司を食べているから日本代表は強いという仮説の検証を試みる。

　以降で、5つの骨子それぞれの中身を確認していく。

2.1.1　何を前にして

　研究の出発点である。「こういう現象がある」「こういう事実がある」「研究の現状はこうである」といったことがあり、それらを踏まえて研究を行う。たとえば、「日本代表は強い」ので、それを踏まえて、その強さの秘密を探るわけである。

2.1.2　どういう問題に取り組むのか

　その研究で取り組む問題である。「何を前にして」で述べたことを踏まえ、そこから何らかの問題を提起する。日本代表の研究例では、「何を前にして：日本代表は強い」ことを踏まえ、「なぜ、日本代表は強いのか？」という問題に取り組む。取り組む問題の決め方は第 2 部 6.3 節（p.64）を参照のこと。

2.1.3　取り組む理由は

　その問題に取り組む理由の説明である。それがどうして問題なのか、つまりは、問題意識の説明といってよい。「なぜ、日本代表は強いのか？」が取り組む問題であり、「強さの秘密を解明できれば、日本代表の継続的強化に適用できる」ことが、その問題に取り組む理由である。取り組む理由には 2 通りの書き方がある（第 1 部 2.3 節参照；p.13）。

◇　その問題の解決が、上位の問題の解決につながる
◇　その問題の解決自体に意義がある

2.1.4　どういう着眼で（着眼理由も）

　問題を解決するための着眼点の説明である。あなたは、その問題を解決するために、何らかの点に着眼したはずである。「こういうことなのではないか」「これを調べればよいのではないか」といった、問題解決のための切り口である。そしてその着眼に基づいて、「何をやるのか」で述べたことを行ったはずである。たとえば、「日本代表が強い理由」を探るために「寿司」に着眼し、それゆえに「寿司仮説の検証」を行った。このように、着眼点とそれに着眼した理由を説明する。

　着眼点は以下のどちらかである。

◇ 取り組む問題に対する仮説
◇ 取り組む問題の解決方法のアイディア

日本代表の例は、「寿司のおかげ」という仮説が着眼点になっている。問題の解決方法のアイディアが着眼点となる例としては、新しい研究方法を適用したとか、新しい実験装置を開発したとかいったことである。たとえば、試合に影響を与えない微小解析装置を選手に付けてもらい俊敏度を分析したのならば、「微小解析装置よる俊敏度分析」が着眼点となる。

　着眼の説明がないと、「何をやるのか」で述べることが唐突になってしまう。例5.2（p.150）の着眼部分を取ってしまってみよう。

例5.2の改悪例：着眼の説明がない

　［何を前にして］日本代表は強い。どの試合でも、その俊敏さで相手を翻弄している。

　［取り組む問題］なぜ、日本代表は強いのであろうか。俊敏さの源は何なのだろうか。［取り組む理由］その理由を解明できれば、日本代表の継続的強化に適用できるであろう。

　［何をやるのか］本研究では、寿司を食べているから日本代表は強いという仮説の検証を試みる。

これでは、どうして寿司なのだろうと思ってしまうであろう。

**　着眼点は、その研究の売りとなるものであり、研究のオリジナリティの訴えどころとなる部分である。**たいていの場合あなたには、同じ問題に取り組んでいる競争相手が存在する。だから、「同じ問題を扱った論文を読んだことがある」という人もいるはずだ。そんな中で、他の研究との違い（オリジナリティ）となるのが着眼の部分である。「この着眼で問題解決できます」と着眼の良さや新しさを訴えることで、あなたの論文・プレゼンに読者・聴衆を惹きつけるのだ。

　ただし、着眼点を書くまでもないこともある。その問題に取り組むためにはその方法を採るに決まっているような場合などだ。たとえば、地球が温暖化してきていると気づき始めた当初、「地球は温暖化しているのか？」という問題に取り組んだ研究があったとする。この問題に挑むためには、温度変化のデータ解析を

するに決まっている。着眼などという大袈裟なものはない。着眼点をわざわざ書かずとも、説得力のある序論ができるはずである。

2.1.5　何をやるのか

取り組む問題を解決するために、その研究で行ったことである。これは、取り組む問題とは違う。日本代表の研究では、「なぜ、日本代表は強いのか？」という問題に答えるために「寿司を食べているから強いという仮説を検証」する。このように研究というものは、「何らかの問題に取り組むために、何らかのことを行う」という形になっている。「**取り組む問題**」と「**何をやるのか**」をきちっと**区別すること**、そして**両者とも述べること**を心がけてほしい。

「何をやるのか」で述べることのまとめ方を説明しよう。まずは、第 2 部 6.3 節（p.64）に従って研究成果をまとめる。日本代表の研究の場合は例 2.3（p.64）のようになる。そして、こうした成果を得るためにやったことを短い言葉にまとめよう。

日本代表が強いのは寿司を食べているからという仮説を検証。

これが、「何をやるのか」だ。

2.1.6　良い序論の実例

高校生の序論の良い例を 2 つ見てみよう。

例 5.3　良い序論の実例

飛行機雲を使った天気の予測について
～飛行機雲の継続時間と天気の要素の比較、検討を通して～

【5 つの骨子】
何を前にして　多くの人は天気予報を利用。
どういう問題に取り組むのか　自分で天気を予測する技術の向上。
取り組む理由は　災害など、天気予報を利用できないときに役立つ。

どういう着眼で（着眼理由も）　飛行機雲の諺に注目。上空湿度と関係しそう。
何をやるのか　飛行機雲が消えるまでの時間と、その後の天気との関係を調べる。

【序論本文】

　［何を前にして］天気を知るために、多くの人は天気予報を用いる。［取り組む理由］しかし、災害などで天気予報が見られない状況に置かれる場合もある。［取り組む問題］自ら天気を予測できれば、その後の行動につなげられるのではないか。［着眼］観天望気として、昔からあることわざを使うことができないかと考えた。「飛行機雲が長くできると翌日は雨になる」というものがある。飛行機雲の消長は上空の湿度に関係が深いといわれている。このことわざの確証性について調べてみることで天気の予測の精度があがるのではないかと考えた。

　［何をやるのか］飛行機雲ができてから消えるまでの出現時間を各種気象データと照らし合わせてその日からの天気の推移に関係性を見出すこととする。

＊　一部、酒井が手を入れている。

例5.4　良い序論の実例

紅花の化学　～黄色色素の最適染色条件及び赤色色素カルタミンの分離～

【5つの骨子】
何を前にして　紅花は、赤の染料として知られている。
どういう問題に取り組むのか　なぜ、赤の染料なのか？
取り組む理由　紅花の色素の99％は黄色である。
どういう着眼で　黄色の色素は、染色の鮮やかさ等に問題がある？
何をやるのか　紅花を使って黄色および赤色に染めてみて、染料としての出来の良さを比較。

【序論本文】

　［何を前にして］食用着色料としても使用されている紅花は、赤色の染料として知られている。［取り組む理由］ところが実際には、紅花の色素の99％は黄色である。赤の色素はわずか1％に過ぎない。［取り組む問題］それなのになぜ、紅花は赤の染料なのだろうか？［着眼］もしかしたら紅花の黄色の色素は、染色の鮮やかさ等に問題があるのかもしれない。［何をやるのか］そこで、紅花を使って黄色および赤色に染めてみて、染料としての出来の良さを比較してみることにした。

＊　酒井が大幅に手を入れている。

　このように、5つの骨子をきちっと述べれば、その研究の意義を読者・聴衆はわかってくれる。要となるのが、「取り組む問題」「取り組む理由」「何をやるのか」である。なので、この3つを明確にすることを心がけてほしい。「取り組む理由」の説明がとくに難しいと思う。あなたの研究の意義を明確にすることにつながるので、徹底的に考え抜いてほしい。

2.2　説得力のない序論

　では、説得力がなくて研究の意義が伝わらない序論を見てみよう。第1部2.2節（p.10）2.4節（p.15）で説明したように、以下のような序論は説得力に欠ける。

◇「何をやるのか」しか書いておらず、「取り組む問題」も「取り組む理由」も不明（例1.3；p.11）
◇「取り組む問題」が明確であっても、「取り組む理由」が不明（例1.4；p.12）
◇「取り組む理由」が興味をもったから（例1.1,例1.2；p.9）

本節では、上記以外の例を紹介する。

2.2.1　序論は前置きにあらず

　まずは、単なる前置きのようになってしまっている序論である。

例5.5　単なる前置きのような序論

超伝導体抵抗率測定

1　はじめに

超伝導とは
・電流が電気抵抗0で流れる現象のこと
・超伝導現象が現れる物質を超伝導体という
・マイスナー効果などが現れる

> マイスナー効果とは
> 　超伝導体内部への磁場の侵入を防ぎ内部の磁場を0にすることで、外部の磁場を退け、その場に安定して浮遊させることができる現象

超伝導の説明があるだけである。これでは、この論文で、超伝導に関して「何をやるのか」もわからない。「取り組む問題」も「取り組む理由」もわからない。実質的に序論がない論文といってよい。

2.2.2　「何をやるのか」を述べていない

2.1.5項（p.153）で述べたように、「取り組む問題」と「何をやるのか」の両方を述べることも大切である。しかし、「何をやるのか」を述べていない序論が非常に多いのだ。

例を見てみよう。

例5.6　「何をやるのか」を述べていない

チューイングガムの溶解

【研究動機】

　[何を前にして] 小学生の頃、「ガムとチョコレートを一緒に食べるとガムが溶ける」というのが流行っていた。実際にやってみると、口の中でガムが少しずつ小さくなっているように感じた。（＊略）ガムは本当に溶けるのか、どのような条件で溶けるのかに興味を持った。[取り組む理由] 資料によると、有害な物質で溶けるとあった。[取り組む問題] 私は体に害がないような安全な物質で溶かせないのか、[取り組む理由] 服に付いたガムをよく落とせるものはないかと思いこの研究を始めた。

「取り組む問題」は、安全な物質でガムを溶かすことである。「取り組む理由」は、それができれば、服に付いたガムを落とせるようになることである。では、この問題を解決するために何をやるのだろうか。それを述べていないので、この研究の具体的な中身が読者に伝わらない。「噛み終えたガムを、身近にある安全な薬品数種類に漬けて、ガムの溶解の程度を比較する」といったことが述べてあれば、「何をやるのか」も伝わる。そして読者は、興味を持って読み進めることができる。

例5.6の改善例

　[何を前にして]小学生の頃、「ガムとチョコレートを一緒に食べるとガムが溶ける」というのが流行っていた。実際にやってみると、口の中でガムが少しずつ小さくなっているように感じた。（＊略）ガムは本当に溶けるのか、どのような条件で溶けるのかに興味を持った。[取り組む理由]資料によると、有害な物質で溶けるとあった。[取り組む問題]体に害がないような安全な物質で溶かすことができるであろうか？[取り組む理由]それができれば、服に付いたガムを手軽に落とせるようになる。[着眼]ガムのような高分子化合物は、炭素が多く水素が少ない有機溶媒で溶けやすいらしい。[何をやるのか]そこで、そうした性質を持った安全な有機溶媒数種類に噛み終えたガムを漬けて、ガムの溶解の程度を比較してみた。

このように「何をやるのか」も書いてあれば、研究目的（どういう問題に取り組むために何をやるのか）が理解できるであろう。

第 *3* 章

タイトルのつけ方

本章では、タイトルのつけ方を説明する。なぜ、タイトルが大切なのか。良いタイトルとはどういうものなのか、良いタイトルをつけるにはどうすればいいのか。以下で、これらのことを考えていきたい。

要点5.4 **タイトルのつけ方**

---

① **良いタイトルとは**
  ・一読で理解できる
  ・どういう狙いの研究なのか想像がつく

② **タイトルに入れる情報**
  ・取り組む問題
  ・問題解決のための着眼点

③ **印象を強くする工夫**
  ・「取り組む問題を述べる主題：問題解決のための着眼点を述べる副題」という形にする

3.1 良いタイトルとは

本節では、良いタイトルとはどういうものなのかを説明する。

3.1.1 タイトルの役割

タイトルの役割とは何か。それは、読者・聴衆の興味を惹きつけることである。読者・聴衆は、論文集や発表会の目次等に並んだタイトルを読んで、興味のある研究を探す。研究自体がいくら興味深いものであったとしても、タイトルが興味

を惹かないと、その研究は見過ごされてしまう可能性があるのだ。

3.1.2　良いタイトルの条件

　良いタイトルとは、一読で理解でき、どういう狙いの研究なのかがわかるものである。以下で、それぞれを説明しよう。

　まずもって、わかりやすいことが絶対条件である。なにしろタイトルには、「前後の文」というものが存在しないのだ。前後の文があるならば、その文の意味がわからなくても文脈から推察することができる。しかしタイトルの場合はそれができない。意味がわからなかったらそれでおしまいである。

　タイトルを読めば、どういう狙いの研究なのかがわかることも大切だ。いくらわかりやすいタイトルでも、研究の狙いを正確に伝えていないようでは駄目である。そのためには、どういう問題に取り組み、それをどういう着眼で解決しようとしているのかを伝えることである。つまり、**取り組む問題と着眼点を訴える**ことである。なおこの2つは、序論の5つの骨子（**要点5.3**；p.149）のうちの「どういう問題に取り組むのか」と「どういう着眼で」と同じものである。

　取り組む問題を伝えることが重要なのは言うまでもない。これを伝えないと、どういう狙いの研究なのか全然わかってもらえない。

　着眼点を伝えることも大切だ。着眼点は、問題解決のための糸口となるものであり、どうやって問題を解決するのかを示すものである。それに加え着眼点は、その研究の売りとなる（2.1.4項参照；p.151）。タイトルで、着眼点を必ず訴えるようにしよう。

3.1.3　良いタイトルの例

　良いタイトルの例を見てみよう。日本代表の研究の場合はこうなる。

例5.7　良いタイトル

なぜ、日本代表は強いのか：勝利を呼ぶ寿司仮説の検証

取り組む問題　なぜ、日本代表は強いのか？
着眼点　寿司のおかげ

これならば、どういう問題にどのように取り組むのかがわかるであろう。

　高校生の研究の実例も見てみよう。

例 5.8　良いタイトル

いつもきれいな水槽の謎 〜緑藻による水質浄化の可能性〜

取り組む問題　水槽の水が綺麗な理由
着眼点　緑藻が水質浄化をしている

水槽の水が綺麗な理由を、緑藻に着眼して解明しようとしている。緑藻による水質浄化につながる研究だ。

例 5.9　良いタイトル

シャープペンの芯に黄銅メッキ：溶液量と電極サイズの違いによる成功率の変化

取り組む問題　シャープペンの芯に黄銅メッキを施す方法
着眼点　溶液量と電極サイズが重要

シャープペンの芯に黄銅メッキを施す方法の開発に挑み、溶液量と電極サイズが重要と着眼した研究である。

　どのタイトルも、その研究の狙いがわかるものになっているであろう。取り組む問題と着眼点を書いているからである。

3.2　伝わらないタイトル

本節では、伝わらないタイトルとはどういうものなのかを見ていく。

3.2.1　調べた対象をタイトルにしただけ

　まず始めに、調べた対象をそのままタイトルにしてしまっている例を紹介しよう。

調べた対象をタイトルにしただけ

〈例 5.10〉　食物アレルギー

〈例 5.11〉　サプリメントの化学

〈例 5.12〉　石鹸を調べる

〈例 5.13〉　源氏物語（＊高校生の研究を元に創作）

〈例 5.14〉　津波と防波堤について

これらのタイトルを読んで、どういう問題に取り組むのかわかるであろうか。たとえば、「食物アレルギー」「サプリメントの化学」とだけ言われても、これらに関するどういう問題に取り組むのかわからない。「津波と防波堤について」は、他のタイトル例よりは良いとは思う。しかし、津波と防波堤の関係についてどういう問題に取り組むのだろう。結局のところこのタイトルも、研究の狙いがわからないものになっている。

　「食物アレルギー」「サプリメント」等は、あくまでも調べた対象だ。取り組む問題はそれらに関する何か、「食物アレルギーを防ぐには？」「サプリメントが効く理由は？」などである。タイトルには、取り組む問題こそを書かなくてはいけない。調べた対象を書くだけでは、研究の狙いは何も伝わらないのだ。

3.2.2　着眼点を書いていない

　取り組む問題はわかるのだけれど、その解決のための着眼点を書いていないタイトルも多い。例を見てみよう。

着眼点を書いていない

〈例 5.15〉　アントシアニン（＊）生成に影響を及ぼす要因

〈例 5.16〉　地球温暖化による地球環境の変化とその影響

〈例 5.17〉　○○町の観光推進策（＊高校生の研究を元に創作）

＊　アントシアニン：色素の一種で、紅葉を発色する色素の一つである。アントシアニンの
　生成が紅葉を起こす。

いずれも、取り組む問題がそのままタイトルになっている。では、どういう着眼でその解決に挑んだのだろう。着眼点は、研究の売りでありオリジナリティーとなるものである（2.1.4項参照；p.151）。それを訴えないなんて、なんとももったいないではないか。

着眼点を加えた

〈例5.15の改善例〉
　アントシアニン生成に影響を及ぼす要因：糖類がその引き金となるのか？

　　取り組む問題　アントシアニン生成に影響を及ぼす要因
　　着眼点　糖類が生成を引き起こす

〈例5.16の改善例〉
　地球温暖化による地球環境の変化とその影響：簡易気象モデルを用いたシミュレーション予測

　　取り組む問題　地球温暖化による地球環境の変化とその影響
　　着眼点　簡易気象モデルを用いたシミュレーション予測

〈例5.17の改善例〉
　山の幸と海の幸の両方に恵まれたことを活かした、○○町の観光推進策

　　取り組む問題　○○町の観光推進策
　　着眼点　山の幸と海の幸の両方に恵まれたことを活かす

このように着眼点を訴えれば、その研究の狙いがよくわかるであろう。

3.2.3　取り組む問題ではなく、問題解決のために行うことを書いている

　取り組む問題ではなく、その解決のために行うことをタイトルにしてしまっている研究もある。

取り組む問題ではなく、問題解決のために行うことを書いている

〈例5.18〉　お茶の抽出温度とカフェイン量の関係
〈例5.19〉　駅から学校までの平均歩行時間の経路間での比較
〈例5.20〉　筍と鯛の丼と松茸と秋刀魚の丼の集客効果
＊すべて、高校生の研究を元に創作

説明の前に改善例を見ていこう（筍と鯛の研究は、上記の例5.17の改善例のように直せばよい）。

問題解決のために行うことではなく、取り組む問題を書いた

〈例5.18の改善例〉
　　寝る前に飲んでも大丈夫なお茶：抽出温度とカフェイン量の関係から

　　取り組む問題　寝る前に飲んでも大丈夫なお茶
　　着眼点　抽出温度とカフェイン量の関係を調べる

〈例5.19の改善例〉
　　学校への最短経路：駅から学校までの平均歩行時間の経路間での比較

　　取り組む問題　学校への最短経路
　　着眼点　駅から学校までの平均歩行時間の経路間での比較

問題解決のために行うことより、取り組む問題の方が大切である。だから、取り組む問題こそを訴えるべきなのだ。問題解決のために行うことを書いてしまっては本末転倒である。

3.3　わかりやすくする工夫

　取り組む問題を主題にして着眼点を副題にすると、問題と着眼が一目瞭然で読み取りやすい。これまでに紹介してきた良いタイトルの例の多く（例5.7, 例5.8, 例5.9 ; p.159 – 160）がこの形式である。
　これらを以下のようにすると、ちょっとだけ読み取りづらくなるであろう。

「主題：副題」という形になっていない

〈例5.7の改悪例〉　日本代表の強さを説明する、勝利を呼ぶ寿司仮説の検証
〈例5.8の改悪例〉　緑藻による水質浄化がもたらす、いつもきれいな水槽
〈例5.9の改悪例〉　溶液量と電極サイズの違いに依存した、シャープペンの芯の黄銅メッキの成功率

どんなタイトルも「主題：副題」形式にする必要はないが、わかりやすくする工夫として覚えておいてほしい。

第4章

研究方法の説明の仕方

本章では、研究方法の説明の仕方を解説する。これを書く目的と、書くべき内容について説明していく。

要点5.5　研究方法の説明

① **研究方法を説明する目的**
　　◇ 研究方法が適切であることを示す
　　◇ 論文の読者が研究を再現できるようにする（プレゼンでは不要）

② **説明すべきこと**
　　それぞれの実験・解析・観察・調査等について以下を説明
　　◇ 研究対象
　　◇ 狙い
　　◇ 方法の概要
　　◇ 方法の詳細（プレゼンでは簡略化したもので可）
　　◇ 統計処理の方法（検定などの複雑な統計処理をした場合）

4.1　研究方法を説明する目的

　研究方法の説明を書くときに一番大切なのは、この部分を書く目的を理解していることである。目的は2つある（**要点5.5-①**）。以下で、それぞれについて説明する。

4.1.1　研究方法が適切であることを示す

　その研究の結論を導くための論理展開は、研究方法の説明からすでに始まっていると心得るべきである。なぜならば、研究方法が適切だからこそ得られたデータ・事実を信用できるのであり、信用できるデータ・事実があるからこそ結論を受容できるからである。

　つまり、研究方法が適切であることを示すことは、**その研究の結論を支える土台を築き上げること**である。もしも、実験・解析・観察・調査等の方法に疑問を抱かれたら、データ・事実を信用してもらえなくなる。そうなると、その後の論理展開がどんなに美しくても、研究の結論を読者・聴衆は決して受け入れてくれない。だから、データに対する信用を得るために、研究方法が適切であることを説得しなくてはいけない。

4.1.2　論文の読者が研究を再現できるようにする

　論文の場合には、読者が研究を再現できるようにしておく必要がある。誰かが、あなたの論文を読んで、研究方法を参考にするかもしれないからである。後輩が、あなたの研究テーマを引き継いだり、関連したテーマに取り組んだりする可能性もある。後輩のためにも、研究方法を記録としてきちっと残すようにしよう。

　プレゼンの場合には、再現できるように説明する必要はない。その場限りの話を聞くだけでは、ちゃんとした再現はしょせん無理である。

4.2　論文・プレゼンで示すべき情報

　要点 5.5 - ①の2つの目的を果たすためには、要するに、研究方法についての情報を漏らさず説明することである。つまりは、**要点 5.5 - ②**の5つをきちっと説明することである。たとえば、日本代表の研究例ではこのようになる。

例 5.21　研究方法の説明

なぜ、日本代表は強いのか：勝利を呼ぶ寿司仮説の検証
【研究対象】
［研究対象］日本代表は、ワールドカップに7回連続出場している強豪である。16強にも4回進出している。メキシコ五輪では銅メダルを取った。

【調査・実験方法】

（＊寿司を食べるかどうかの操作実験の部分のみを示す）

寿司を食べるかどうかが勝利数に与える影響：［狙い］寿司を食べることが勝利数に与える影響を調べるために、［概要］寿司を食べるかどうかの操作実験を行った。［詳細］実験は2024年に行った。

1）日本代表の選手に寿司を絶ってもらい2週間が経過して以降に行われた10試合と、寿司を絶つ前の10試合とで勝利数を比較した。対戦相手の実力は揃えた。

2）海がないため、寿司はもちろん鮮魚も手に入りにくいであろう国の選手に寿司を食べ続けてもらう実験も行った。そうした国としてスイスとパラグアイを選定した。両国の代表選手に寿司を食べ続けてもらい2週間が経過して以降に行われた10試合と、寿司を食べ始める前の10試合とで勝利数を比較した。対戦相手の実力は揃えた。

【統計処理の方法】

［統計処理］一般化線形モデル（＊統計手法の一つ）を用いて以下を解析した。

・日本代表の選手が寿司を絶った場合と絶たなかった場合での勝利数の違い。

・スイス代表およびパラグアイ代表の選手が寿司を食べた場合と食べなかった場合での勝利数の違い。

以下で、**要点5.5-②**（p.165）の各項目について説明していこう。

4.2.1　研究対象

実験・解析・観察・調査等を行った対象の、素性・由来・特徴などを明記することを心がけよう。これらをきちんと書くことは、対象の個性が研究結果に影響しうる分野ではとくに大切である。たとえば生物学・地学や文系の研究では、対象によって結果が変わることも多い。研究対象の情報を書いて、研究対象を特定できるようにしよう。

紅花の染料に関する論文（例5.4；p.154）ならば、以下のような紅花の説明が欲しい。

例5.22　研究対象の説明

　紅花は、キク科の一年生の植物である。黄色から赤色の花を咲かせる。エジプトまたはエチオピアまたはアラブ原産と言われ、日本でも古くから栽培されてきた。花弁から染料を取ることができる。

　本研究では、X県Y町で栽培された紅花を実験に用いた。

＊この説明は原文にはなく、酒井が書いた。

　ただし、誰もが知っていて説明するまでもない対象を扱う場合は、このような説明は不要である。たとえば、高校生を対象に記憶力の試験を行った研究で、「高校生とは……」などという説明は不要である。

4.2.2　実験・解析・観察・調査等の狙いと概要

　何のためにその実験・解析・観察・調査等を行ったのか、その狙いを示し、それに続いて概要も説明するようにしよう。日本代表の例（例5.21；p.166）では、「寿司を食べることが勝利数に与える影響を調べるために」と狙いを示し、「寿司を食べるかどうかの操作実験を行った」と概要も述べている。こうした説明がないと、何のためにどういうことを行うのかがわからず、読者・聴衆はいらいらしてしまう。

　狙いも概要も示していない例を見てみよう。

例5.23　実験の狙いも概要も説明していない

球の回転と空気の動き

【研究動機・目的】
球技を観戦したり、競技する中で、球の回転と球の動きとに密接な関係があることを知った。今回は、その関係性を詳しく知りたいと思う。

【実験方法】
・実験1
（1）送風機を適度な高さに固定する。
（2）発泡スチロールの球を用意する。回転が分かるように球に線の印をつける。

（3）球の進行方向から見て、球の右側・左側・上側・下側に風がより強くあ
　　　たる位置に球を置き手を離す。
（4）デジタルカメラで動画撮影し、回転の仕方や、球軌跡を記録する。
＊意図を変えない範囲で酒井が一部簡略化している

球の回転と、その球が動いていく方向に関して調べた研究である。では、実験1
を何のためにやったのか。その説明がないので、ちょっといらいらしながら読み
進めることになる。

例5.23の改善例：実験の狙いと概要を書き加えた

【実験方法】
・実験1
[狙い] 球の回転方向と進行方向の関係を調べるために、[概要] 発泡スチロール
の球に風をあてて飛ばす実験を行った。
[詳細]（1）送風機を適度な高さに固定する。
（2）発泡スチロールの球を用意する。回転が分かるように球に線の印をつける。
（3）球の進行方向から見て、球の右側・左側・上側・下側に風がより強くあ
　　　たる位置に球を置き手を離す。
（4）デジタルカメラで動画撮影し、回転の仕方や、球軌跡を記録する。

このように狙いと概要が書いてあれば、その実験のことを理解できるであろう。

4.2.3　実験・解析・観察・調査等の方法の詳細

　論文の場合には、詳細を丁寧に説明して、読者が研究を再現できるようにしよ
う。

　プレゼンの場合には、事細かく詳細を説明する必要はない。再現できるような
説明はプレゼンに求められないからだ（4.1.2項参照；p.166）。どういうこと
をやったのかを聴衆が理解できる範囲で簡略化した説明でよい。

4.2.4　統計処理の方法

　検定（第3部第6章参照；p.118）などの複雑な統計処理を行った場合は、その方法を説明しよう。検定方法を正しく選択することは、データを解析する上で非常に重要なことである（第3部6.5.3項参照；p.133）。だから、正しく選択していると読者に納得してもらう必要がある。検定方法の説明なしに、「有意差があった」などと結果の章に書くのは駄目である。

　平均・標準誤差・標準偏差などの基本的な計算のみを行った場合は、わざわざ説明する必要もない。結果の章で、これらの値をいきなり示しても大丈夫である。

4.2.5　アンケート・面談・文献調査等を行った場合

　アンケート・面談・文献調査などを行った場合もそれらの方法の説明は必要である。その説明も、「○○についてアンケートを行った」「△△さんに面談してお話を伺った」「◇◇について文献で調べた」などと書くだけでは駄目である。

アンケートの説明

　論文・プレゼンともにアンケート対象・狙い・概要を書く。論文の場合には、詳細すなわち具体的な質問内容も説明する。プレゼンの場合は詳細は不要である（あるいは、簡略化して説明する）。

例5.24　アンケート内容の説明の仕方

山の幸と海の幸の両方に恵まれたことを活かした、○○町の観光推進策

［狙い］観光客が何を求めて○○町にやって来るのかを知るために、［対象］観光客200人を対象に、［概要］○○町の魅力と観光してみたいことを訊ねた。［詳細］質問内容は以下の通りである。

１．○○町というと思い浮かぶことは何ですか（複数選択可）

海の幸　　山の幸　　温泉　　　◇◇記念館　　△△祭り　その他（自由記述）

＊以下略；質問内容を簡潔に示す

面談の説明

論文・プレゼンとも、面談対象者・狙い・概要を書く。詳細はどちらとも不要である。

例5.25 面談内容の説明の仕方

山の幸と海の幸の両方に恵まれたことを活かした、○○町の観光推進策

[狙い] ○○町の現在の観光推進策を知るために、[対象] ○○町役場観光推進課の□□さんにお会いした。[概要] そして、1) 観光推進策の現状、2) 足りないと感じている点を伺った。

文献調査の説明

基本的な情報を得ることや、どういう先行研究があるのかを調べることなどが目的の場合は説明不要である。これらは当然行う当たり前の行為なので、研究方法のところでわざわざ説明する必要はない。

文献等からデータや事実を得て、それらを分析することが目的の場合は方法を説明しよう。たとえばSNSを対象に、○○町での観光についての発言を調べて分析する場合などである。こうした場合は、狙い・概要・詳細を説明する。プレゼンの場合は、詳細の説明は簡略化してもよい。

例5.26 文献調査の説明の仕方

山の幸と海の幸の両方に恵まれたことを活かした、○○町の観光推進策

[狙い] ○○町の観光に関しての発言を分析するために、[概要と対象] 「○○町観光」をキーワードにSNSを検索した。[詳細] そして発言対象を、「海の幸」「山の幸」「温泉」「◇◇記念館」「△△祭り」「その他」に分類した。発言回数と季節との関連性も分析した。(＊以下略：分析方法の説明が続く)

第 *5* 章

結果で書き示すこと

本章では、結果で書き示すことを説明する。

要点5.6 結果の説明の仕方

書き示すこと
- ① わかりやすい形にまとめたデータ・事実
- ② どういう図表なのかの説明（論文では詳しく説明、プレゼンでは、図表のタイトルを示すだけでよい）
- ③ データ・事実の解析や分析の結果の説明
- ④ データ・事実から言えることの要約（解析や分析の結果の説明だけで十分に伝わる場合は不要）

注意点
- ① データ・事実をそのまま載せる必要はなく、わかりやすい形にまとめた図表だけを示せばよい。
- ② 同じデータ・事実を、図と表の両方で示す必要はない。

　たとえば、日本代表の選手が1年間に寿司を食べた回数の平均とその年の勝利数の関係を調べたとする（**図5.1**）。

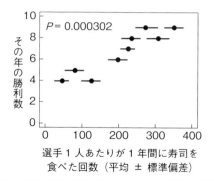

図 X. 日本代表の選手が1年間に寿司を食べた回数の平均（1人あたり）と、その年の勝利数の関係。2016年〜2024年についての関係を示す。各年に行われた試合から、対戦相手の実力が揃うように10試合を選んだ。選定は、対戦相手の前年の国際ランキングに基づいて機械的に行った。

図5.1 図表の提示の例

論文では、図表およびその詳しい説明文を載せ、プレゼンでは、図表およびそのタイトル（詳しい説明は不要）を示す（8.5.1項参照：p.213）。

＊「$P = 0.000302$」は、統計的な解析結果を示したものである（第3部第6章参照：p.118）

その説明は例5.27のようになる。

例5.27 図5.1の説明

［データ・事実の提示と図表の説明］図 X に、2016年〜2024年までの各年に、選手1人あたりが1年間に寿司を食べた回数の平均と、その年の勝利数（10試合中）の関係を示す。［解析結果の説明］両者には、統計的に有意な正の相関関係があった（$P = 0.000302$）。［要約］たくさん寿司を食べた年ほど勝利数が多いということである。

＊「$P = 0.000302$」は、統計的な解析結果を示したものである（第3部第6章参照：p.118）

では以降で、結果で書き示すこと（**要点5.6**：p.172）を説明していこう。

5.1　わかりやすい形にまとめたデータ・事実

　データ・事実をわかりやすい形にまとめて提示する。**データ・事実をそのまま示すのは駄目である。必ず、何らかの形にまとめて示すようにしよう。**

　例5.28は、データをそのまま示してしまっている例である。

例5.28　データをそのまま示している

メッキ溶液の pH を変えて銅板をニッケルメッキした実験の結果

付着したニッケルの量

	pH 3	pH 4	pH 5	pH 6
実験1	0 g	0.05g	0.09g	0.03g
実験2	0 g	0.02g	0.05g	0.04g
実験3	0 g	0.03g	0.04g	0.04g
実験4	0 g	0.03g	0.06g	0.03g

　付着するニッケル量が多くなる pH の値を調べるために、付着ニッケル量を各 pH について4回ずつ測定した。そしてそのデータをそのまま示してしまっている。しかしこれでは、ニッケルの付着量の平均がどの pH で一番高いのかを読者・聴衆が自分で計算しないといけない。読者・聴衆にこうした負担をかけないよう、以下のように、わかりやすい形にデータをまとめるべきである。

例5.28の改善例：データを、「平均±標準誤差」という形にまとめている

付着したニッケルの量（$N = 4$）

pH	付着量の平均±標準誤差（g）
3	0 ± 0
4	0.033 ± 0.0063
5	0.060 ± 0.0108
6	0.035 ± 0.0029

＊ $N = 4$ は実験回数を示す。

これならば、読者・聴衆がデータを読み取る苦労をしなくてすむであろう。データを横並びから縦並びに変えた理由は8.3.1項（p.207）を参照してほしい。

　取ったデータ・事実をそのまま並べた図表（例5.28の改善前の例のように）と、わかりやすい形にまとめた図表（例5.28の改善例のように）の両方を載せている論文・プレゼンがある。しかしそれはスペースの無駄である。**データ・事実をそのまま載せる必要はなく、わかりやすい形にまとめた図表だけを示せばよい。**

　データ・事実を示さずに、解析や分析の結果だけを言葉で説明している論文・プレゼンもある。例を見てみよう。

例5.29　データ・事実を示さず、解析結果を言葉だけで説明している

○○高校の地下構造

【はじめに】

○○高校敷地内のボーリングコアから火山灰を取り出し、鉱物組成を見て、火山灰層を同定する。

【方法】

0.00～1.90mまでのボーリングコアからサンプルを取り、水洗いして鉱物だけを取り出す。そこから磁鉄鉱を除き、残った鉱物をプレパラートに乗せ顕微鏡で観察する。

【結果】

0.30m付近から1.90mにかけて全体的に輝石（黒色の鉱物）が認められた。石英も全体的に見ることが出来るが、特にも（ママ）1.60m以深でその割合が多い。また、かなりの量の磁鉄鉱を取り出せた。

結果を言葉で説明しているだけである。しかしこれでは、鉱物の分布の正確な情報が読者・聴衆に伝わらない。**データ・事実を図表として提示して、読者・聴衆に正確な情報を伝える**ようにしよう。ただし、さして重要ではないデータ・事実に関しては、図表とせずに本文中だけで説明してもよい。

　最後に、もう一つ大切なことを述べる。**同じデータ・事実を、図と表の両方で示す必要はない。**こうした論文・プレゼンをたまに見かけるけれど、これもまたスペースの無駄である。図と表のどちらかのみを示せばよい。どちらで示すべきかの説明は8.1項（p.198）を参照してほしい。

5.2　どういう図表なのかの説明

　図表を提示するのなら、その図表がどういうものなのかという、図表自体の説明もしておく必要がある。読者・聴衆にまずは、何を示した図表なのかを理解してもらうためである。

　図表自体の説明がないとどうなるのか、例を見てみよう。

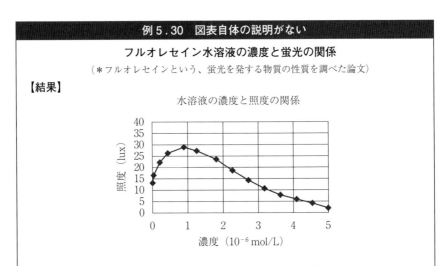

例5.30　図表自体の説明がない

フルオレセイン水溶液の濃度と蛍光の関係

（＊フルオレセインという、蛍光を発する物質の性質を調べた論文）

【結果】

水溶液の濃度と照度の関係

照度（lux）

濃度（10^{-6} mol/L）

　水溶液の濃度が増加すると照度も増加したが、9×10^{-7} mol/L をピークに照度は増加しなくなった。

　「水溶液の濃度が増加すると……」は分析結果の説明である。つまり、この図から読み取れることだ。しかし、どういう図なのかの説明がないので、ちょっと唐突に感じたのではないか。

例 5 .30 の改善例：図の説明文を加えた

【結果】

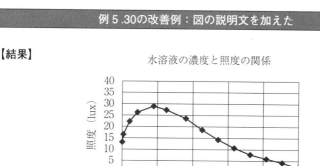

水溶液の濃度と照度の関係

濃度（10⁻⁶ mol/L）

図 X. フルオレセイン水溶液の濃度と、水溶液に紫外線を当てたときの蛍光の照度の関係。

［図表の説明］図 X は、フルオレセイン水溶液の濃度と、水溶液に紫外線を当てたときの蛍光の照度の関係である。［分析結果の説明］水溶液の濃度が増加すると照度も増加したが、9×10^{-7} mol/L をピークに照度は増加しなくなった。

実線の下線部のような説明があれば、その図が何なのかが頭に入るので、以降の説明もすんなりと理解できるであろう。それに加え、図の説明文（図の直下の「図 X. フルオレセイン水溶液……」の部分）も示すべきである。

5.3　データ・事実の解析や分析の結果の説明

　あなたは、データ・事実に対して何らかの解析や分析を行うはずだ。理系の研究ではもちろんである。文系の研究でも、得られた事実から何かを読み取ろうと分析するであろう。こうした、解析や分析の結果を説明しよう。たとえば例 5 .27（p.173）では、「両者には、統計的に有意な正の相関関係があった（$P = 0.000302$）」と、このデータの解析結果を述べている。こうした説明がないと、そのデータ・事実から何を読み取ることができるのか、何を読み取ればよいのかを読者・聴衆が迷うことになる。

　いくらわかりやすい形にまとめたとしても、データ・事実を示すだけで、その解析・分析結果の説明がないのは駄目である。例を見てみよう。

例 5.31　データの分析結果の説明がない

水溶液と空気の熱伝導

（＊氷を、純水・水道水・緑茶・炭酸水・空気の中に置き、完全に溶けるまでの時間を比べた論文）

【結果】

下図のようになった。（気温 17 ℃）

物質名	時間	密度(g/cm^3)
純水	37分25秒	0.97
水道水	34分11秒	0.98
緑茶	32分49秒	0.98
炭酸水	24分46秒	1.0
空気	2 時間43分49秒	0.0012

（＊中略：この表の値を図にしたものが示されている）

【考察】

　空気のような気体では分子と分子の間が離れているため、水のようにすぐ隣に分子がある液体に比べて熱が伝わりにくい。水の熱伝導率（熱の伝わりやすさ）は空気の20倍以上あるので（＊略）、空気で満たした方に比べて、液体で満たした方が熱が伝わりやすい。

　同じ液体同士でも密度の違いによって溶ける速度が異なる。

データを示すだけで、その分析結果（データから読み取れること）の説明がない（どういう表なのかの説明もないが）。考察では、読み取れることを踏まえた議論をしているので、読者は戸惑いを感じてしまう。

例5.31の改善例：データの解析結果の説明を加えた

【結果】

下図のようになった。（気温 17 ℃）

（＊図表は省略）

[分析結果の説明] 氷が完全に溶けるまでの時間は、空気の場合が圧倒的に長かった。液体間にも溶ける時間に差が見られ、密度が高い液体ほど早く溶けるという傾向があった。

（＊考察は省略）

下線部のような説明があれば、考察での議論をすんなりと受け入れることができるであろう。

5.4　データ・事実から言えることの要約

　データ・事実の解析や分析の結果を説明したら、それをひとことでまとめるようにしよう。読者・聴衆は、要はどういうことかとまとめたがるからである。たとえば例5.27（p.173）では、「たくさん寿司を食べた年ほど勝利数が多い」と要約している。

　こうした要約がないとどうなるか。例を見てみよう。

例5.32　データから言えることの要約がない

川の水を飲み水へ

（＊純水に泥水を加えた液体をいろいろな器具で濾過してみて、どれくらい綺麗になるのかを調べた論文）

（＊略）

（2）純水＋泥について（＊濾過前の状態）

（＊略）アンモニウム態窒素（＊1）は 0.92 mg/L、全硬度（＊2）は 61 mg/L、COD（＊3）は 5.1 mg/L であった。

（3）濾紙による濾過について（＊濾過後の状態）

アンモニウム態窒素は 0.27 mg/L、全硬度は 60 mg/L、COD は 4.8 mg/L であった。

（＊略）

（5）逆浸透膜法（＊4）による濾過について（＊濾過後の状態）
アンモニウム態窒素は 0.29 mg/L、全硬度は認められず、COD は 2.2 mg/L
であった。

＊1　アンモニウム態窒素：アンモニウム塩になっている窒素。この値が高いほど水質が悪い。

＊2　全硬度：全ミネラル成分のこと。

＊3　COD：化学的酸素要求量の略号。水質の指標で、値が高いほど水質が悪い。

＊4　逆浸透膜法：水中の不純物を取り除く手法の一つ。

個々の結果の説明が続くだけなので、「要はどういうことなのか？」と思ってしまう。以下のような説明が最後にあれば、読者も理解しやすいであろう。

例5.32の改善例：データから言えることの要約を加えた

[要約] 濾紙では、アンモニウム態窒素しか濾過できなかった。どの項目も濾過できたのは逆浸透膜法であった。
＊上記の説明に続ける。

　ただし、個々の結果の説明を読めば「要はどういうことか」を十分に理解できてしまう場合も多い。たとえば、例5.30の改善例（p.177）・例5.31の改善例（p.179）には解析・分析結果の説明しかないが、それだけで十分に理解できる。こうした場合は、結果の要約は不要である。

第 *6* 章

考察および結論で書き示すこと

結果を説明したら、それに基づいて考察を進める。そして結論を示す。本章では、考察および結論で書き示すことを説明する。

要点5.7 考察および結論で書き示すこと

書き示すこと
【 】内は、序論の骨子（**要点5.3**：p.149）の対応項目
① 問題解決のために行ったこと【何をやるのか】の結果の検討
　　◇ 得られた結果の解釈・検討
　　◇ 既存の知見との整合性の検討
　　◇ 他の仮説との比較検討
② 取り組んだ問題【どういう問題に取り組むのか】に対する結論
　　◇ ①から導かれる結論
③ 研究の問題点の検討（結論が出なかったり、不十分な点があったりした場合）
　　◇ うまくいかなかった点の検討
　　◇ 問題点の改善案の提示
④ その問題に取り組んだ理由【取り組む理由は】への応え（書き示す必要のない論文・プレゼンもある）
　　◇ その結論は、問題意識にどう応えるのか

注意点
① 結果で提示したすべてのデータ・事実を使って議論する（議論に使わないデータ・事実は削除する）
② 論文・ポスター発表では図表番号を引用しながら議論する（口頭発表では引用は不要）

要点 5.8　結論を書き示す場所

論文の場合：以下のどれかにする。

① 「考察」「結論」という2つの章を設け、「結論」の章の方に書く。**要点 5.7-④**も「結論」の章に書く。

② 「考察」の章の最後に書く。「結論」の章は設けない。**要点 5.7-④**も結論に続けて書く。

③ 「考察」の章の冒頭に書く。「結論」の章は設けない。**要点 5.7-④**は、「考察」の章の最後に書く。

口頭発表の場合

発表の最後に「まとめ」のスライドを出し、その中で、結論とその根拠を示す。**要点 5.7-④**は、同じスライドか次のスライドで示す。

ポスター発表の場合

ポスターの右上の「まとめ」の中に、結論・その根拠・**要点 5.7-④**を示す。

6.1　考察の目的

　考察をするにあたっては、考察の目的をしっかりと頭に入れておく必要がある。その目的とは、序論での問題提起に答えることである。つまり、**取り組んだ問題に対する結論を示すこと**である。あなたは序論で、どういう問題に取り組むのかを提起したはずだ（2.1節参照；p.150）。得られた結果を元に考察を展開し、結論を導く。これが考察で行うことである。

6.2　考察で書き示すこと

　考察で書き示すことは4つある（**要点 5.7**；p.181）。以下で、それぞれについて説明していこう。

6.2.1　問題解決のために行ったことの結果の検討と、取り組んだ問題に対する結論

　考察ではまず、得られた結果に基づいて、**要点 5.7-①**と**要点 5.7-②**（p.181）

を行う。以下で、日本代表の研究例を用いて説明していこう。この例では、図 X，Y，Z という架空のデータを元に議論を進めている。

図 X：たくさん寿司を食べた年ほど勝利数が多かった。
図 Y：日本代表の選手が寿司を絶ったら、その後の試合での勝利数が減った。スイス代表とパラグアイ代表の選手が寿司を食べたら、その後の試合での勝利数が増えた。
図 Z：日本代表の選手が寿司を絶ったら、俊敏性試験の成績が低下した。スイス代表とパラグアイ代表の選手が寿司を食べたら、俊敏性試験の成績が向上した。

これらを踏まえた考察は以下のようになる。

例 5.33　考察の仕方

なぜ，日本代表は強いのか
　[結論] 本研究の結果から、日本代表が強い理由の一つは、選手が寿司を食べているからであると結論できる。以下にその根拠を述べる。
　[得られた結果の解釈・検討] 2016年〜2024年の各年の勝利数は、たくさん寿司を食べた年ほど多かった（図 X）。このことは、寿司を食べることが強さの一因である可能性を示している。
　操作実験からも、寿司が強さの秘密であるという結果が得られた。日本代表の選手に寿司を絶ってもらったところ、その後の試合での勝利数が減ってしまった（図 Y）。俊敏性試験の成績も低下した（図 Z）。これに対して、スイス代表とパラグアイ代表の選手に寿司を食べ続けてもらったところ、その後の試合での勝利数が増えた（図 Y）。俊敏性試験の成績も向上した（図 Z）。ただし図 Y の結果は、実験の前と後での対戦相手が異なる。しかし、各国の対戦相手は、実験開始の前と後で実力的にそれほど差がないように設定した。だから図 Y の結果は、寿司を食べることの効果を十分に反映しているといってよいであろう。
　[既存の知見との整合性の検討] 寿司を食べることの効果を示唆する研究は他にもいくつかある。Ｊリーグでは、寿司を食べることが多いチームほど強い傾向がある（山田 2023）。○○オリンピックのバドミントンで金メダルを取った△△選手は、「寿司を食べると身体が軽くなる」と証言している（太田 2021）。これらの報告は、寿司仮説と整合している。
　[他の仮説との比較検討] 日本代表の強さの秘密を解析した研究はいくつかある。川上（2023）は、チームカラーである青が相手チームを威圧していると指摘し

た。しかし、世界各国でチームカラーの効果を調べたところ、青にとくに効果は認められなかった（影山 2023）。本書の著者である酒井の愛犬あんが可愛いからであるという説（酒井 2022）は、はなから却下（その他全員 2023）されてしまった。このようにこれまでのところ、寿司仮説が、日本代表の強さを説明する最も有力な仮説である。

＊続きは 6.2.3 項で紹介する。

では、書くべき項目について具体的に説明していく。

得られた結果の解釈・検討

まずもってすべきことが、得られた結果の解釈・検討である。個々の結果が示すことを的確に解釈する。個々の結果を統合して結論を導き出す。こうした議論を行うことが考察の章の使命である。

議論においては、その結論が否定される可能性も検討しよう（第1部 3.3 節参照；p.23）。例 5.33 でも、「ただし図 Y の結果は、実験の前と後での対戦相手が異なる」と実験の問題点を指摘している。このように、**良い面と悪い面の両方を検討して結論を導く**ことが大切である。

結果で提示したすべてのデータ・事実を使って議論することも心がけてほしい。議論に使わないデータ・事実は、結論を導くのに不要なものということである。そういったものは削除し、無駄な情報のないものにしよう（第2部 6.3.4 項参照；p.66）。無駄な情報は、論文・プレゼンをわかりにくくするだけである。

論文・ポスター発表において個々の結果について言及するときは、その図表番号を示すようにしよう。たとえば例 5.33 では、図 X, Y, Z を括弧内に示しながら議論している。こうすれば、どの図表に基づいた考察なのかがわかりやすいし、読者が、その図表を見直すのにも便利である。口頭発表の場合には図表番号を示す必要はない。

既存の知見との整合性の検討

結論を支える根拠は、あなた自身が得た結果だけでなく、先行研究が明らかにしたことであってもよい。既存の知見との整合性を検討し、あなたの主張とどう合うのか、あるいはどの部分が合わないのかを検討していく。こうした議論をして一般性を高めていこう。

他の仮説との比較検討

　取り組んだ問題に対する解答の候補（仮説）は他にもありうる。説得力のある主張をするためには、他の仮説と比較検討して、あなたの仮説がいかに確からしいのかを検討する必要がある（第1部3.4節参照；p.24）。文献等で他の仮説のことを調べ比較検討しよう。これができれば、非常に説得力のある論文・プレゼンになる。

取り組んだ問題に対する結論

　こうした一連の議論を踏まえ、取り組んだ問題に対する結論を示す。結論が不明確だと、何を言いたいのかわからない論文・プレゼンとなってしまう（第2部6.1節参照；p.61）。取り組んだ問題に対応した結論であること（第2部6.2節参照；p.62）も大切である。否定的な結果しか出ずに何も結論できない場合は、「わからなかった」と結論すればよい（第2部6.4節参照；p.66）。

6.2.2　研究の問題点の検討

　研究がうまくいかず、何も結論できなかったり、結論の根拠が弱かったりする場合もある。そういう場合は、失敗の原因を考察することになる（第2部6.4節参照；p.66）。たとえば、例5.33（p.183）の寿司を食べるかどうかの操作実験で、勝利数も俊敏性もほとんど変化しなかったとする。その場合は以下のような考察に変える。

例5.34　研究の問題点を検討

なぜ、日本代表は強いのか

　［暫定的な結論］日本代表が強い理由の一つは、選手が寿司を食べているからである可能性がある。［得られた結果の解釈・検討］2016年〜2024年の各年の勝利数は、たくさん寿司を食べた年ほど多かった（図X）からである。

　［問題点の検討］しかしながら、寿司を食べるかどうかの操作実験では、日本代表・スイス代表・パラグアイ代表のいずれにおいても、勝利数も俊敏性もほとんど変化しなかった（図Y, Z）。これは、寿司の効果が出るのにかなりの時間がかかるためかもしれない。本研究では、操作実験開始後2週間経ってからの試合数・俊敏性を調べた。もっと長い時間が経過してからの変化を調べる必

要があるであろう。
（以下略）

「可能性がある」といった言葉で結論の根拠が弱いことを示す。そして失敗の原因や改善案を議論する。これならば立派な考察である。

6.2.3　その問題に取り組んだ理由への応え

　論文・プレゼンというものは、多くの場合、取り組んだ問題に対する結論を示すだけでは不十分である。たとえば、「日本代表が強いのは寿司を食べているから」と結論したとする。これだけだと読者・聴衆は、「それで何なのか？」と思ってしまう。問題に答えたことの意義がわからないからだ。

　あなたがその問題に取り組んだのは、取り組むべき理由があったからである。序論の骨子の「取り組む理由は」（2.1.3項参照；p.151）がそれだ。日本代表の研究では、「継続的強化に適用できる」という理由で、強さの秘密を調べたわけである。問題解決の意義はここにある。だから、結論を示した上で、その結論が、その問題に取り組んだ理由にどう応えるのかを説明しないといけない。たとえば、例5.33（p.183）に続いて以下のような考察を加える。

例5.33の続き

寿司の、継続的強化への適用
　本研究の成果は、日本代表の継続的強化に役立つ。一番重要なことは、寿司を計画的に食べるようにすることである。そのためには、寿司屋と提携し、合宿先や遠征先でも食べられるようにするべきだ。新鮮なネタを海外で手に入れるための流通網も確立する必要がある。

こうした考察があれば、寿司のおかげという結論を踏まえ、継続的強化という問題にどう応えるのかがわかるであろう。

　ただし、その問題に取り組んだ理由への応えを書き示す必要がない論文・プレゼンもある。たとえば、「紅花はなぜ赤の染料なのか？」という問題に取り組んだ研究（例5.4；p.154）で、「紅花の黄色の色素は鮮やかさに欠けるため、赤

の色素が主に使われている」と結論したとする。しかしこの結論を受けて、取り組んだ理由「紅花の色素の 99 % は黄色である」に応えるような議論は不要であろう。あなたの論文・プレゼンで、取り組んだ理由への応えが必要かどうかを検討し、必要ならばその議論をしてほしい。

6.3　伝わらない考察

本節では、伝わらない考察の典型例を 3 つ示す。

6.3.1　結果の解釈というより、結果の説明だけで終わっている

考察で行うのは、どういうことを行いどういう結果が出たのかを説明することではない。結果を解釈し結論を導くことである。しかし、実験等の内容説明や得られた結果の説明でほとんどが終わってしまっている論文・プレゼンがある。

例 5.35　考察が、結果の説明で終わっている

茶カテキンの腐敗防止作用

【結果】

＊下記のようなデータだけが提示されている。その一部を抜粋。

pH の変化量

茶	変化量
緑茶	1.04
ウーロン茶	1.78
ほうじ茶	3.01
水	3.42

【考察】

　腐敗が進むと酸性物質である硫化水素や弱塩基であるアミン類が生じることに注目し、pH の変化量によって腐敗の進度を調べることとした。

　pH の変化量は緑茶、ウーロン茶、ほうじ茶、水の順に大きくなっているので、腐敗は緑茶、ウーロン茶、ほうじ茶、水の順に抑制されている。これは、カテキンの含有量が多い順番と一致している。

＊ pH の変化量が大きいほど腐敗している。

考察の第1文は実験内容の説明である。第2文以降は、pH・腐敗度・カテキン量の順番の説明である。「多い順番と一致」していることから何が言えるのかという解釈はない。そのため、肝心の結論がない論文になってしまっている。

例5.35の改善例：結果の解釈を書き加えた

【結果】

pH の変化量

茶	変化量
緑茶	1.04
ウーロン茶	1.78
ほうじ茶	3.01
水	3.42

pH の変化量は、緑茶が最も小さく、次いで、ウーロン茶・ほうじ茶・水の順であった。したがって、腐敗抑制効果の大きさもこの順番であるといえる。

【考察】

　［結論］腐敗は、カテキンの含有量が多いほど抑制されるといえる。［得られた結果の解釈・検討］なぜならば、緑茶・ウーロン茶・ほうじ茶・水という腐敗抑制効果の順番は、カテキンの含有量が多い順番と一致しているからである。

これならば、結果をどのように解釈し、そこから何を結論したのかも伝わるであろう。

6.3.2　個々の結果の解釈だけで終えていて、それらを統合した結論を示していない

　結果の解釈をしているものの、個々の結果の解釈だけで終えて、結論を示していない論文・プレゼンもある。

例5.36　個々の結果を統合した解釈がない

ミミズと土壌の関係

【結果の概略】（＊酒井が、一部単純化して紹介）

1. 砂で育てた場合も腐葉土（腐敗した落ち葉）で育てた場合も、ミミズがいる方がクローバーの生育が良かった。
2. ミミズがいると、砂のpHはより中性になった。腐葉土のpHはもともと中性だった。

【考察】

　結果より、実験1では、クローバーは土の質（＊砂か腐葉土かということ）と関係なく、ミミズの入っている側のほうが入っていない側よりもクローバーが育っていることが分かる。このことから（＊略）ミミズは土を肥やして、植物が育ちやすい土壌にすると考えられる。

　また実験2から、砂（＊略）に関してpHはミミズの入っている方が中性（pH 7）に近い値となった。腐葉土（＊略）は中性（pH 7）で変化しなかった。このことから、ミミズは砂に関しては、土壌を中性にする働きがあるのではないかと考えられる。（＊略）

　腐葉土（＊略）は、初めから中性（pH 7）だったので、変化していないように見えたのだと考えられる。

この考察は、実験1および実験2のそれぞれについて、個々の結果の解釈を行っているだけである。両者を統合しての結論が示されていない。

例5.36の改善例：個々の結果を統合して得られる結論を付け加えた

＊上記の考察に続き以下を示す。

　[既存の知見] 一般に植物は、中性の土の方が成長が良い。[結論] したがって、クローバーの成長が良くなった一因は、ミミズによって土が中性化したためという可能性がある。[問題点の検討] ただし腐葉土は、ミミズがいなくても中性であった。腐葉土において成長が良くなったのは、ミミズが他の条件を変化させたためであろう。今後は、pH以外に何が変化するのかを探っていきたい。

このように、個々の結果を統合した解釈をして、結論を示すようにしよう。

6.3.3　結論ではなく「結果のまとめ」で終えている

　取り組んだ問題に対する結論を示すことなく、結果をまとめただけで終わってしまっている論文・プレゼンもある。

例5.37　結果のまとめで終わっている

細胞性粘菌（＊）の研究

【研究の動機】

　（＊略）細胞性粘菌の一種であるキイロタマホコリカビの独特な生態について知った。その独特な生態とは、ほとんどの生物は単細胞か多細胞のまま生涯を終えるのに対し、細胞性粘菌は、単細胞期と多細胞期を繰り返し生活することである。私たちは実際にその様子を観察し、教科書にはあまり詳しく書かれていなかった、成長に関する実験を行いたいと考えた。

　また、細胞性粘菌は身近なところにも生息すると聞いたので、実際に様々な場所から細胞性粘菌を採取し、生息している種類を調査しようとも思った。

【結論（まとめ）】

1）今回の研究を通して、身近な環境の中に細胞性粘菌も含めカビ、変形菌、原生動物などのさまざまな微生物がいることがわかった。

2）X町周辺地域では、4箇所中2箇所で細胞性粘菌を発見し、子実体形成まで生育させることができた。

3）Yで採取した土壌からも細胞性粘菌を発見でき、こちらも子実体形成まで生育させることができた。

（＊略）

5）実験結果から、細胞性粘菌の発芽・成育には温度が関係しているという考察ができた。（＊略）X町の細胞性粘菌は、気温が0°C以下になる冬季には、胞子の状態で休眠し、暖かい日が長期間続く春のような条件になると活動を再開するという方法で、寒い冬を乗り切るという生活を送っていると推測される。

＊細胞性粘菌：アメーバ状になったり、透明なキノコのよう（子実体という）になったりする微生物。

　この論文の「研究の動機」には、「実際にその様子を観察し」「成長に関する実験を行いたい」「様々な場所から細胞性粘菌を採取し、生息している種類を調査しよう」とあるだけである。取り組む問題は提示されていない。そして「結論（まとめ）」は「結果のまとめ」であり、やったことやわかったことを羅列している

だけである。これでは、結局は何を言いたいのか、結論が何なのかがわからない。取り組む問題を明示し、それに対する結論を示すようにしよう。

例 5.37の改善例：結論を書き加えた

＊取り組む問題を、「寒い地域における細胞性粘菌の越冬の仕方」にする。
＊例5.37中の1）〜3）は不要。結果に書いてあれば十分。5）を以下のように書きかえる。

【考察】
　実験結果から、細胞性粘菌の発芽・成育には温度が関係していることがわかった。X町の細胞性粘菌は、気温が0°C以下になる冬季には、胞子の状態で休眠していた（図Y）。暖かい日が長期間続く春のような条件になると活動を再開した（図Z）。

【結論】
　冬季は胞子で休眠し、春になると活動を再開するという方法で、寒い冬を乗り切っていると推測される。

これならば、この論文で言いたいこと（結論）が明確になるであろう。

6.4　結論を書き示す場所

　結論をどこに書くのか（**要点5.8**：p.182）は、論文とプレゼンとで異なる。本節では、それぞれにおいて結論を書き示す場所を説明する。

6.4.1　論文の場合

　論文の場合、結論を書き示す場所は3つありうる。日本代表の研究の場合は以下のようになる。

例5.38　論文における、結論を書く場所

なぜ、日本代表は強いのか：勝利を呼ぶ寿司仮説の検証

◆ **構成①**：「考察」「結論」という2つの章を設け、「結論」の章の方に書く。「その問題に取り組んだ理由への応え」も「結論」の章に書く。

【考察】

　［得られた結果の解釈・検討］2016年〜2024年の各年の勝利数は、たくさん寿司を食べた年ほど多かった（図X）。このことは、寿司を食べることが強さの一因である可能性を示している。

　操作実験からも、寿司が強さの秘密であるという結果が得られた。日本代表の選手に寿司を絶ってもらったところ、その後の試合での勝利数が減ってしまった（図Y）。俊敏性試験の成績も低下した（図Z）。（以下略）

【結論】

　［結論］日本代表が強い理由の一つは、選手が寿司を食べているためである。
　［取り組んだ理由への応え］本研究の成果は、日本代表の継続的強化に役立つ。一番重要なことは、寿司を計画的に食べるようにすることである。（以下略）

◆ **構成②**：「考察」の章の最後に書く。「結論」の章は設けない。「その問題に取り組んだ理由への応え」も結論に続けて書く。

例　構成①の「結論」という見出しを取り、考察の一部としてそのまま続ける。

◆ **構成③**：「考察」の章の冒頭に書く。「結論」の章は設けない。「その問題に取り組んだ理由への応え」は「考察」の章の最後に書く。

例　例5.33とその続きを参照（p.183, 186）

基本的には、3つの構成のどれを採用しても構わない。ただし、高校生の論文・プレゼンには構成①を勧める。結論を独立の章とすることで、結論を明確に意識するようになるからである。

6.4.2　プレゼンの場合

　プレゼンの場合、「まとめ」の項目を設け、その中で結論を提示する。日本代表の研究の場合は例 5.39 のようにする。

例 5.39　プレゼンにおける結論の示し方

結論
日本代表が強いのは寿司を食べているから
↑
◇ たくさん食べた年ほど勝利数が多かった
◇ 食べるのを止める
　：俊敏性が落ち弱くなった
◇ 他国が食べる
　：俊敏性が上がり強くなった

　口頭発表の場合は、発表の最後にまとめスライドを出す。そして、結論と、それを支える根拠を簡潔に示す（第 6 部 2.7 節項参照；p.263）。その問題に取り組んだ理由への応え（6.2.3 項参照；p.186）を示す場合は、これに続けて別のスライドで示すか、同じスライドの中に書き込んでしまうかのどちらかにする（**折り込みスライド**参照）。

　ポスター発表の場合は、ポスターの右上にまとめの項目を作る（第 6 部 3.2.2 項参照；p.268）。そして、結論・根拠・その問題に取り組んだ理由への応えをまとめの中に示す。

## 第7章

論文の要旨の書き方

論文では、タイトル・著者名・高校名に続けて要旨を載せることが普通である。かたやプレゼンでは要旨は不要である。本章では、論文における要旨の書き方を説明する。

要点5.9 **論文の要旨に書くこと**

【 】内は、序論の骨子（**要点5.3**；p.149）の対応項目
① 取り組んだ問題【どういう問題に取り組むのか】
② 問題解決のためにやったこと【何をやるのか】
③ 具体的な研究方法
④ 研究結果
⑤ 考察
⑥ 結論
＊考察は必要に応じて書く。他は必須。

　要旨を書く目的は、その論文の中身を短い文章で正確に伝えることである。要旨を読めば概略がわかるようでないといけない。すなわち、研究目的・方法・結果・結論が伝わらないといけない。これらを簡潔に伝えることが要旨の使命だ。

　そのために、要旨に6つのことを書くようにしよう（**要点5.9**）。たとえば、日本代表の研究の要旨は以下のようになる。

例5.40　要旨の書き方

［取り組んだ問題］日本代表が強い理由を探るために、［問題解決のためにやったこと］選手が寿司を食べているから強いという仮説を提唱し、その検証を行った。［具体的な研究方法］2016年～2024年の各年に、日本代表の選手1人あたりが寿司を食べた回数を調べ、その年の勝利数との関係を調べた。［研究結果］その結果、たくさん寿司を食べた年ほど勝利数が多いことがわかった。［具体的な研究方法］一方、2024年に、日本代表の選手に寿司を絶ってもらい、2週間が経過して以降に行われた10試合への影響を見た。［研究結果］すると、俊敏性が落ち勝利数も減ってしまった。［具体的な研究方法］2024年に、スイス代表とパラグアイ代表の選手に寿司を食べ続けてもらい、2週間が経過して以降に行われた10試合への影響を見た。［研究結果］すると、俊敏性が増し勝利数も増えた。［考察］これら操作実験の結果は、寿司を食べると強くなることを示している。［結論］以上のことから、日本代表が強い理由の一つは、選手が寿司を食べているためであると結論した。

では、**要点5.9**の6項目について説明しよう。

7.1　①取り組んだ問題・②問題解決のためにやったこと

　冒頭の1～2文で、取り組んだ問題および問題解決のためにやったことを書こう。これらはそれぞれ、序論で提示した「どういう問題に取り組むのか」「何をやるのか」（2.1.2項，2.1.5項参照；p.151, 153）にあたる。この2つが揃うことで、研究目的「どういう問題に取り組むために何をやったのか」が伝わるのだ。日本代表の研究の場合、「日本代表が強い理由を探るために、選手が寿司を食べているから強いという仮説を提唱し、その検証を行った」と書くことで、読者は研究目的を理解することができる。

7.2　③具体的な研究方法・④研究結果・⑤考察

　問題解決のためにやったことに続けて、具体的な研究方法・研究結果・考察を書こう（ただし考察は、必要に応じてでよい）。これらはまさに研究の中身である。実際にやったことそのものなので、きちっと伝える必要がある。

具体的な研究方法と研究結果の説明順は以下のどちらでも構わない。

---

① 具体的な研究方法 A, B, C　→ 研究結果 A, B, C

② 具体的な研究方法 A　→ 研究結果 A → 具体的な研究方法 B
　 → 研究結果 B → 具体的な研究方法 C　→ 研究結果 C

論文の本文中では①にするべきだけれど（1.3.3項参照；p.148）、要旨では②でもよい。読者が要旨を読む目的は、論文の中身を素早く知ることである。わかりやすく正確に書いてありさえすれば、方法と結果の順番は気にしない。だから、あなたが説明しやすい順番にすればよい。

7.3　⑥結論

要旨の最後は**必ず結論で締める**ようにしよう。研究結果だけが書いてあって、そこから導かれる結論が書いていないと、「結局どういうことなのか」と読者は困ってしまうのだ。これでは、論文の主張の肝心なところが伝わらずに終わってしまうことになる。

7.4　要旨を書く上での注意事項

要旨を書く上での注意事項を述べる。

7.4.1　余計な前置きは不要

要旨の書き出しは、取り組んだ問題と問題解決のためにやったことで始めればよい。余計な前置きは不要である。たとえばこんな感じの前置きだ。

例 5.41　余計な前置きのある要旨

リモネンの抽出と抗菌効果

　私たちは柑橘類の皮に含まれるリモネンという成分に興味を持った。果物の種類によってリモネンの抗菌効果が異なると考えた。（＊略）抽出物（＊柑橘類の皮からの）の抗菌効果を調べるために、寒天培地を用いて検証した。（＊以下略）

この要旨は、「興味を持った」という文で始まっている。むろん、興味を持ったからこそ調べたのだろう。しかしそれはわかりきったことであり、要旨に書くまでもないことである。こうした前置き抜きに、本題（取り組んだ問題と問題解決のためにやったことの提示）にいきなり入ればよいのだ。

例5.41の改善例：余計な前置きを削った

［取り組んだ問題］柑橘類の皮に含まれるリモネンは、果物の種類によって抗菌効果が異なるのであろうか？［問題解決のためにやったこと］この疑問に答えるために、レモン・オレンジ・グレープフルーツの皮からの抽出物を寒天培地につけ、カビの発生の度合いを比べてみた。（＊以下略）

このように書いてある方が、論文の中身を素早く理解できるであろう。

7.4.2　要旨は、本文が完成してから書く

要旨は、論文の本文が完成してから書くと楽である。たいていの場合、序論・考察・結論の章に論文の鍵となる文章がある。それらをコピーしてつなげれば要旨の骨子はできてしまう。ただしもちろん、これで要旨ができあがりのわけもない。上記の説明に則って、完璧な要旨に仕上げていかなくてはいけない。

7.4.3　短い文章で

要旨は、できるだけ短くあるべきだ。読者が要旨に求めることは、論文の中身を素早く知ることであって、論文の詳細を知ることではないからである（詳細が知りたければ本文を読めばよいのだ）。長い要旨は読む気をなくす。情報を絞って、適度な長さ（長くとも400字程度）の要旨を書くようにしよう。

第 *8* 章

図表の提示の仕方

データを取った研究では、何らかの図表を用いてデータを示すことになる。実験・解析・観察・調査等の方法の説明に図表を用いる場合もある。本章では、図表の提示の仕方を説明する。

8.1 図にするべきか、表にするべきか

　数値データは、図でも表でも示すことができる。5.1節（p.175）に書いたように、同じデータを両方で示す必要はなく、図か表のどちらかだけを示せばよい。ではどちらを用いるべきなのか。本節ではその説明をする。

8.1.1 図にするべき情報

　図にするのは、**データ全体から傾向を読み取ってほしい情報**である。データ全体を見比べて何らかのことを引き出すには、データ全体を視覚的に捉えることができる図が適している。たとえば、日本代表の選手が寿司を食べた回数と勝利数の関係（**図5.2**）を示したいとしよう。これは、データ全体から読み取ってほしいことである。だから図（**図5.2左**）にする。これならば、両者に正の関係があることが一目でわかるであろう。これに対して表（**図5.2右**）では、この読み取りにちょっと時間がかかってしまう。あるいは、日本代表の選手に好きな食事をアンケートした結果を示したいとしよう（**図5.3**）。どの食事が好きなのかをデータ全体から読み取ってほしいので図にする（**図5.3左**）。表（**図5.3右**）だと、数値をいちいち読み比べなくてはいけないので、ちょっと手間である。もう一例あげておく。ある植物の種子を蒔き、日数の経過とともにどれくらい発

芽するのかを調べたとしよう。これも、データ全体から傾向を読み取ってほしいことなので図が適している（**図 5.4**）。

要点 5.10　図表の提示の仕方

① **図にするべきか、表にするべきか**
　【図にするもの】
　　◇ データ全体から傾向を読み取ってほしいもの
　【表にするもの】
　　◇ 個々の数値を伝えたい情報（データ全体の傾向の読み取りが目的ではない）
　　◇ 択一的な情報（「＋」「－」や「有」「無」など）

② **図を作る上での注意事項**
　　◇ 原因となるもの（説明変数）を横軸に、それに依存して決まるもの（応答変数）を縦軸にする
　　◇ 軸の名称と単位を必ず書く
　　◇ 比較が目的の関連データは1つの図に組み込む
　　◇ 比較が目的ではない関連データは、別々の図にして並べて示す

③ **表を作る上での注意事項**
　　◇ データ組の各要素を横方向に並べ、各データ組を縦に積み重ねる
　　◇ 関連するデータはすべて1つの表に組み込む

④ **論文の図表において心がけること**
　　◇ 図表のタイトルおよび補足説明文を書く（図では図の下に、表では表の上に書く）
　　◇ 白黒で区別のつく記号・線にする

⑤ **プレゼンの図表において心がけること**
　　◇ 図表の上に、その図表のタイトルをつける（補足説明は不要）
　　◇ カラーを使って、区別のつく記号・線にする
　　◇ 記号のすぐそばに、その説明を書く
　　◇ 図表のすぐそばに、その解釈を書く

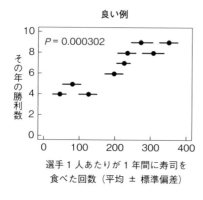

悪い例	
寿司を食べた回数 （平均 ± 標準偏差）	勝利数
41±11	4
76±16	5
121±17	4
193±16	6
221±14	7
230±18	8
268±22	9
303±21	8
346±18	9

図5.2　図にするべき情報

日本代表の選手が1年間に寿司を食べた回数の平均と、その年の勝利数の関係を図および表で表した例。データ全体から傾向を読み取ってほしいので図が適している。

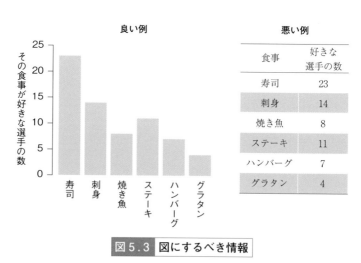

図5.3　図にするべき情報

日本代表の選手に好きな食事をアンケートした結果（複数回答可）の例。データ全体から傾向を読み取ってほしいことなので図が適している。

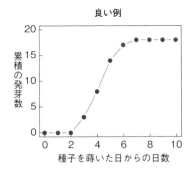

良い例

悪い例

蒔いた日 からの日数	累積の 発芽数
0	0
1	0
2	0
3	3
4	8
5	14
6	17
7	18
8	18
9	18
10	18

図5.4 図にするべき情報

ある植物の種子を蒔き、日数の経過とともにどれくらい発芽するのかを調べた例。データ全体から傾向を読み取ってほしいことなので図が適している。

8.1.2　表にするべき情報

　表にするべきなのは、データ全体の傾向というよりも**個々の数値を伝えたい情報**である。たとえば、何か所かで植物を採取してきて、形態等の測定をしたとする。採集場所等の情報を示すのには表が適している（**図5.5左**）。全体として何かを言いたいわけではなく、個々の採集場所について伝えたいからだ。これを図（**図5.5右**）にしてしまっては、かえってわかりにくいであろう。あるいは、女性男性が1日に必要なカロリー量を示したいとする。カロリー計算などに使うので、表にして数値を伝える方がよい（**図5.6左**）。ただし、必要カロリー量の比較をしたいのならば図（**図5.6右**）で示すべきである。

　画一的な情報（「＋」「－」や「有」「無」など）も表にすべきである。こうした情報は読み取りが楽なので表（**図5.7左**）の方がむしろわかりやすい。図（**図5.7右**）にしてしまうと、「縦軸の数値を読み取る」という手間が生じてかえってわかりにくくなってしまう。

良い例

採集場所	標高（m）	採集個体数
青葉山 A	100	53
青葉山 B	150	49
青葉山 C	200	55
泉ヶ岳 A	300	61
泉ヶ岳 B	400	48

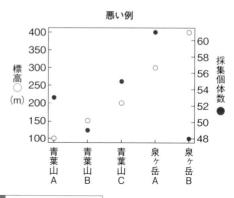

図5.5　表にするべき情報

形態等の測定をするために植物を採集し、その採集場所の情報を示した例。個々の採集場所のことを伝えたいので表が適している。

良い例

	女性	男性
15 ～ 17 歳	2300	2800
18 ～ 29 歳	2000	2650
30 ～ 49 歳	2050	2700

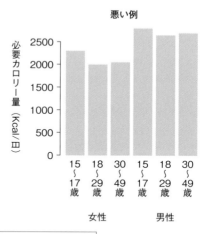

図5.6　表にするべき情報

女性・男性各年齢の1日あたりの必要カロリー量（大塚食品ウェブサイトより作成）。カロリー計算等が目的の場合は、表にして正確な数値を示すべきである。カロリー量の比較ならば図の方が良い。

良い例

	日本代表	スイス代表
寿司	+	+
天麩羅	0	−
牡蠣	−	−

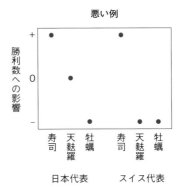

図5.7　表にするべき情報

それぞれの食事が、日本代表とスイス代表の勝利数に与える影響を＋（正の影響），0（影響なし），−（負の影響）で示したもの。こうした画一的な情報は読み取りが楽なので、表の方がむしろわかりやすい。

8.2　図を作る上での注意事項

本節では、図を作る上での注意事項（**要点5.10-②**；p.199）を説明する。

8.2.1　原因となるものを横軸に、それに依存して決まるものを縦軸にする

依存性の関係を散布図で示す場合は、原因となるもの（説明変数）を横軸に、それに依存して決まるもの（応答変数）を縦軸にする（第3部3.3.1項参照；p.93）。横軸と縦軸を逆にしてしまうと、統計解析がおかしなことになってしまう。

相関関係を描くときはどちらを横軸・縦軸にしてもよい。

8.2.2　軸の名称と単位を必ず書く

軸の名称と単位も忘れずに書くこと。これらがないと、読者・聴衆はその図を理解できなくなってしまう。とくに、単位を書き忘れることが多いので注意しよう。たとえば、グラムなのかミリグラムなのかわからなかったら致命的である。

軸名と単位を書いていない例を見てみよう。

例5.42　軸名と単位を書いていない

ペットボトルロケット 〜飛行要素の変化に伴う飛距離の変化〜

（＊ペットボトルロケットの発射角度を変えるなどして、飛行距離に影響する要因を調べた論文）

【結果】

（III）角度の変化に伴う飛距離の変化

　（＊略）60°で最高飛行距離を記録し、70°で急激に飛距離が伸びなくなったことから、最もよく飛んだ60°が最もよく飛ぶ条件であることが分かった。（＊略）

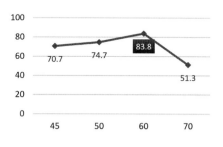

この図には、横軸の名称も縦軸の名称も単位も書かれていない。読者は、本文を読んで、何を表した図なのかを想像するしかない。

例5.42の改善例：軸名と単位を書き加えた

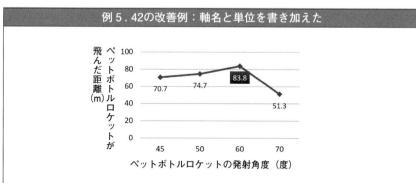

図X. 発射角度に依存した、ペットボトルロケットの飛行距離。網掛けの数値が最長飛距離。発射時の圧力は……、ロケットに入れた水量は……。

このような説明があれば、読者は、余計な苦労をすることなく図を理解できるであろう。

8.2.3　関連するデータの図での示し方

　関連するデータはまとめて示すべきである。その方が比較がしやすいからだ。
図の場合、関連データのまとめ方は 2 通りある。

比較が目的の関連データは 1 つの図に組み込む

　それら関連データを比較することが目的である場合は、1 つの図にまとめるべ
きだ。たとえば、寿司の効果は、気温が低い秋冬の試合よりも、気温と湿度が高
くて過酷な春夏の試合の方が大きいのかどうかを調べたとする。それならば、**図
5.8 の左図**のように、春夏の試合と秋冬の試合のデータを 1 つの図にまとめる
べきである。別々の図（**図 5.8 の右図**）を作ったのでは、両者の比較がしにく
くなってしまう。

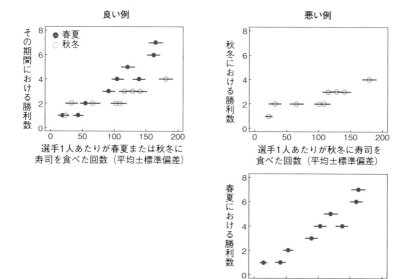

図5.8　**図における、両者の比較が目的の関連データのまとめ方**

春夏および秋冬それぞれにおける、日本代表の選手がその期間に寿司を食べた回数の平均
と、その期間での勝利数の関係の例。春夏と秋冬との比較が目的ならば、両者を一つの図
にまとめて描く（左図）。

比較が目的ではない関連データは、別々の図にして並べて示す

　上記以外の場合は、関連するデータを1つの図にまとめずに、いくつかの図に
分割するようにしよう。そして論文・ポスター発表の場合は、並べて示して同時
に見やすいようにしておく。口頭発表の場合は、並べて示すか、連続する別々の
スライドで示す。たとえば、寿司を食べた回数と、1）勝利数の関係および2）
日本代表にオーラを感じた人の割合の関係を調べたとする。この場合は、この2
つの関係性を比較したいわけではない。だから、**図5.9の左図**のように、2つ
の関係性の図を分けて並べて示すべきである。**図5.9の右図**のようにしてしま
うと、「両者を比較せよ」という不必要なメッセージを読者・聴衆に与えてしま
うことになる。

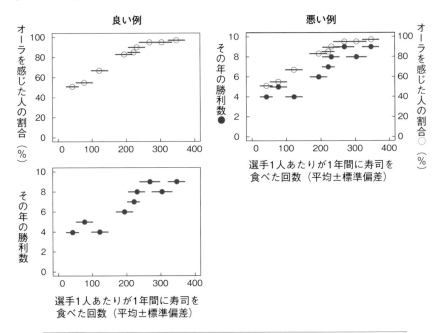

図5.9　図における、両者の比較が目的ではない関連データのまとめ方

寿司を食べた回数と、1）勝利数の関係および2）日本代表にオーラを感じた人の割合の
関係を調べた例。両者の比較が目的ではないのならば、別々の図にして並べて示す（左図）。

8.3　表を作る上での注意事項

本節では、表を作る上での注意事項（**要点 5.10-③**；p.199）を説明する。

8.3.1　データ組の各要素を横方向に並べ、各データ組を縦に積み重ねる

　表中でのデータの並べ方にも原則がある。たとえば、ある生物を採集して調べた研究で、採集場所・その標高・各採集場所での採集個体数を表にしたいとする（**図 5.10**）。

良い例

採集場所	標高（m）	採集個体数
青葉山 A	100	53
青葉山 B	150	49
青葉山 C	200	55
泉ヶ岳 A	300	61
泉ヶ岳 B	400	48

悪い例

	採集場所				
	青葉山 A	青葉山 B	青葉山 C	泉ヶ岳 A	泉ヶ岳 B
標高（m）	100	150	200	300	400
採集個体数	53	49	55	61	48

図 5.10　表中でのデータの並べ方

ある生物を採集して調べた研究で、採集場所・その標高・各採集場所での採集個体数を表にした架空例。「採取場所・標高・採集個体数」で一組のデータである。何種類かのデータが一組となっている場合は、データ組の各要素を横方向に並べ、各データ組を縦に積み重ねるようにする（左表）。

　この場合、「採取場所・標高・採集個体数」で一組のデータである。このように、何種類かのデータが一組となっているものを表にする場合は、**データ組の各要素を横方向に並べ、各データ組を縦に積み重ねるようにする**（**図 5.10左表**）。こうする理由は人間の視覚特性に関係すると思う。一組のデータが横方向に並んでいれば、「青葉山 A・100 m・53 個体」と自然に目に入ってくる。これが**図 5.10右表**のようだと、「100 m・150 m・200 m・……」と目に入ってきてしまうのだ。もう 1 例を見てみよう（**図 5.11**）。塩分濃度の異なる水に浸けて、ある植物の種子の発芽成長と開花を調べたとする。そしてその結果を表にまとめたいとする。この場合、「塩分濃度・発芽個体数・開花個体数」で一組のデータである。だから**図 5.11左表**のように並べるべきだ。この並びならば、各塩分濃度での発芽・

開花個体数を自然に捉えることができる。塩分濃度の変化とともにどう変わるのかを見せたいと思い、**図5.11右上表**のように並べたくなるかもしれない。しかし、そう思うのならば図（**図5.11右下**）にするべきである。データ全体から傾向を読み取ってほしいということだからだ（8.1.1項参照；p.198）。

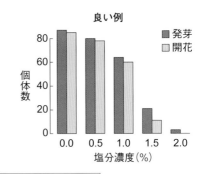

良い例

塩分濃度(%)	発芽個体数	開花個体数
0.0	87	85
0.5	80	78
1.0	64	60
1.5	21	11
2.0	3	0

悪い例

塩分濃度(%)	0.0	0.5	1.0	1.5	2.0
発芽個体数	87	80	64	21	3
開花個体数	85	78	60	11	0

図5.11　表中でのデータの並べ方

塩分濃度の異なる水に浸けて、ある植物の種子の発芽成長と開花を調べた例。「塩分濃度・発芽個体数・開花個体数」で一組のデータなので左表のよう並べる。塩分濃度の変化とともにどう変わるのかを見せたいならば図（右下）にする。

　高校生の論文の場合、ページに収まりやすいように横長にデータを並べてしまう傾向があるようだ。しかしこうした発想は駄目である。読者の目に自然に映る並びにしなくてはいけない。

8.3.2　関連するデータはすべて1つの表に組み込む

　表の場合は、関連するデータはすべて（データの比較が目的であろうとなかろうと）、1つの表にまとめてしまってよい。たとえば**図5.9**（p.206）のデータは、勝利数との関係と、日本代表にオーラを感じた人の割合との関係を比較したいわけではない。しかし、これらを表で示したい（正確な数値を伝えるためなど

の理由で）のなら、1 つの表にまとめてしまってよい（**図 5.12**）。表の場合には、
関連するデータをまとめてしまってもわかりにくくならないからである。

年	寿司を食べた回数	勝利数	オーラを感じた人の割合（％）
2016	41	4	51.0
2017	121	4	66.7
2018	76	5	55.2
2019	193	6	83.1
2020	230	8	90.0
2021	221	7	84.8
2022	268	9	95.1
2023	303	8	94.9
2024	346	9	97.2

図 5.12 **表における関連データのまとめ方**

寿司を食べた回数と、1）勝利数の関係および 2）日本代表にオーラを感じた人の割合の
関係を調べた例。両者の比較が目的であろうとなかろうと、1 つの表にまとめてしまって
よい。

8.4　論文の図表において心がけること

　本節では、論文の図表において心がけること（**要点 5.10-④**；p.199）を説明
する。

8.4.1　図表のタイトルおよび補足説明を書く

　図表には必ず、そのタイトルと補足説明をつける。タイトルは、それが何に関
する図表なのかを一文でまとめたものである。続く文章で補足説明を加えていく
（ただし、補足説明は必要に応じてでよい）。こうした説明があれば、読者はその
図表のことを理解することができる。本書の図表の説明では、赤枠で囲んだ文字
がタイトルで、その下が補足説明になっている。図の説明文は図の下に、表の説
明文は表の上に載せることが通例である。

　論文の本文に書いてあるからといって、タイトルと補足説明をはしょってはいけない。読者は、今その図表を見ているのだ。そこに説明文がないと、本文の説明文を探すという手間がかかることになる。余計な手間を読者にかけてはいけない。

　タイトル・補足説明は、本文に書いてあることと重複しても構わない。ほとんど同じ説明を繰り返す必要はないのであるが、その図表を理解するのに必要なことはすべて書くようにしよう。

　図表のタイトル・補足説明がない例を見てみよう。

例5.43　図のタイトルと補足説明がない

超伝導体抵抗率測定［＊超伝導（＊）が起きる温度を調べた論文］

【臨界温度の確認】
－175℃付近で突然超伝導が起こる。

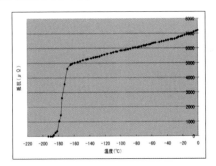

＊超伝導；電気は、流れるときに抵抗を受けて、そのエネルギーの一部が失われる。超伝導とは、電気抵抗がゼロになる現象のことである。

　「－175℃付近で突然超伝導が起こる。」は本文中の文章である。図そのものが示されているだけで、図の説明はない。これでは、何に関する図なのかを読者が推測しなくてはいけなくなり、余計な負担を強いられることになる。

例5.43の改善例：タイトルを付け加えた

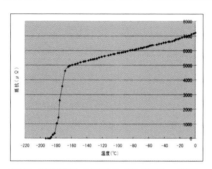

図 X. 超伝導体の温度と電気抵抗の関係。

＊ 補足説明は不要なので書いていない。

こうした説明文があれば、何に関する図なのかを知った上で、その中身を吟味することができる。余計な負担がかからないのでいらいらも感じない。

　表の場合ももちろん、そのタイトルと補足説明を忘れてはならない。とくに表の場合は、説明文なしに数値だけを並べてしまうことが多いようである。例を見てみよう。

例5.44　表のタイトルと補足説明がない

ポリエステル合成における諸条件の検討
（＊硫酸・水酸化ナトリウム・リン酸という3種類の触媒を用いて、ポリエステルを実験室で合成しようとした論文）

【結果】
　実験の結果は以下のようになった。

（単位：ml）

触媒	1回目	2回目	平均
硫酸	5.3	4.4	4.9
硫酸水素ナトリウム	1.8	2.3	2.1
リン酸	1.8		1.8

これでは読者は、何の数値なのかという読解を強いられることになる。

例 5.44 の改善例：タイトルと補足説明を書き加えた

表 X. ポリエステル合成時に生成された水の量。3 種類の触媒それぞれについて 2
回行った結果を示す。

（単位：ml）

触媒	1回目	2回目	平均
硫酸	5.3	4.4	4.9
硫酸水素 ナトリウム	1.8	2.3	2.1
リン酸	1.8		1.8

＊ポリエステル合成時に水も生成される。合成されたポリエステルの量と水の量は比例するので、水の量が、ポリエステル合成量の目安となる。

こういう説明文があれば、すんなりと理解できるであろう。

8.4.2　白黒で区別のつく記号・線にする

　まず始めに、当たり前のことを注意しておく。○●△■といった記号や棒グラフの棒等の説明を必ず書くこと。説明がないと、どういう図なのか読者は理解することができない。

　論文は白黒印刷が多い。図に用いる記号（○●△■など）や線の種類は、白黒でも区別がつくものにしよう（**図 5.13**）。記号の大きさ・線の太さも見やすいものにしよう。R や Excel で作ると、基本設定としてカラーの図が作られる。それをそのまま白黒印刷するとわかりにくくなってしまう。ただし、カラー印刷の論文集の場合はカラーを使ってよい。**図 5.13** の良い例のように線の色や種類を組み合わせれば、白黒でも区別がつきやすくなる。

　記号などの説明（**図 5.13** では「● ドイツ」等）は、可能ならば図の中に書き込む方がよい。たとえば**図 5.13** の良い例では、図の中の記号のそばにその説明を書いている。これならば読者は、記号の説明を読んで、対応する記号を探すという作業をしなくてすむ。ただし、図中に十分な余白がなかったり、記号の種類が多すぎたりする場合には、図中には書き込まずに、図の横か（**図 5.13** の悪い例のように）、図の補足説明文中に書くようにしよう。これらの場合、無理して

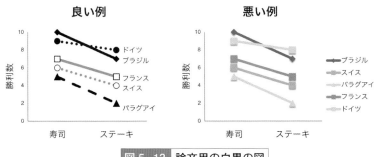

図5.13 論文用の白黒の図

カラーの図をそのまま白黒印刷すると、悪い例のようになり記号の見分けがつきにくい。線の色や種類を組み合わせて、白黒でも見分けがつくようにする。5か国を対象に、寿司を食べ続けて臨んだ試合と、ステーキを食べ続けて臨んだ試合の勝利数を比較した架空例。

図中に書き込んでも図が汚らしくなるだけである。

8.5　プレゼンの図表において心がけること

　プレゼンの図表は論文の図表と少し異なる。プレゼンの図表は、その場で聴いて理解してもらう必要があるためである。理解するまでじっくりと考えることができる論文の図表とは違うのだ。だから、聴衆の読解の努力をなくすため、プレゼンの図表にはとくに細心の気遣いをしなくてはいけない。

　本節では、プレゼンの図表において心がけてほしいこと（**要点5.10-⑤**；p. 199）を説明する。

8.5.1　図表の上に、その図表のタイトルを付ける

　論文の場合と同様に、**図表には、そのタイトルを必ず付ける**（**図5.14**）。しかし、補足説明は不要である。その場ですぐに理解することが原則なので、プレゼンでは細かい話はしない方がよいのだ。

良い例　　　　　　　　　　　　　　　　悪い例

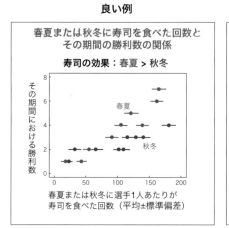

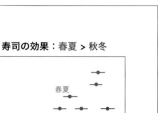

図5.14 プレゼンの図表におけるタイトル

図の場合も表の場合も、その上にタイトルを付ける。補足説明は不要である。春夏および秋冬のそれぞれの期間に寿司を食べた回数と、それぞれの期間における勝利数の関係を示した架空例。

タイトルがないと、何に関する図表なのかわからずに聴衆は戸惑ってしまう。口頭で説明するから不要と思ってはいけない。聞き逃したら終わりだし、聴いたとしてもすぐに忘れてしまうであろう。タイトルを書いておくことが聴衆への心遣いである。

　プレゼンの場合、図の場合も表の場合もその上にタイトルを付ける。これは、聴衆の視線の流れに配慮してのことである。聴衆は通常、上から下へと視線を動かす。タイトルが上にあれば、何に関する図表なのかを知った上で図表を見ることになるのだ。

8.5.2　カラーを使って、区別のつく記号・線にする

　必要に応じてカラーを使い、記号・線の区別をつけるようにしよう（**図5.15**）。白黒よりもカラーの方が区別をつけやすいからである。ただしこれは、色使いに走れという意味ではない。情報の区別をつけるために、必要最低限の色使いをせ

寿司を食べた場合とステーキを食べた場合の勝利数

どの国も寿司の方が成績が良い

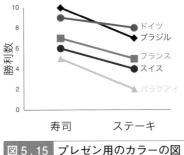

図5.15 図5.15　プレゼン用のカラーの図

図5.13（p.213）をカラー化した。5か国を対象に、寿司を食べ続けて臨んだ試合と、ステーキを食べ続けて臨んだ試合の勝利数を比較した架空例。

よということである。色覚多様性にも配慮するようにしよう（第6部1.10節参照；p.250）。

8.5.3　記号のすぐそばに、その説明を書く

　プレゼンの場合ももちろん、○●△■といった記号や棒グラフの棒等の説明を必ず書くこと。口頭で説明するからと、書くのをはしょってはいけない。

　記号等の説明は、その記号のすぐそばに書くようにしよう。そうすれば聴衆は、説明を視野に捉えつつデータを読み取ることができる。説明を覚えておく必要がないのでデータに集中できる。

　例を見てみよう。

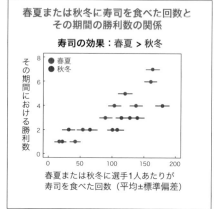

図 5.16 記号の説明の付け方

記号のすぐそばにその説明を付ける。記号の色とその説明文の色を同じにするとわかりやすい。春夏および秋冬のそれぞれの期間に寿司を食べた回数と、それぞれの期間における勝利数の関係を示した架空例。

ありがちなのが図 5.16の悪い例である。「春夏」「秋冬」という記号の説明が記号から離れたところにある。これだと、説明を見て「春夏」「秋冬」を覚えて、データに視線を移すことになる。データを見ているうちにどちらがどちらかを忘れてしまい、説明に視線を戻したりする。そのため聴衆は、小さないらいらを感じてしまう。

　良い例のように、記号のすぐそばにその説明を付けよう。対応関係を明確にするため、記号の色とその説明文の色を同じにしよう。これならば聴衆は、データ分布と記号の説明を同時に視野に捉えることができ、説明を覚えるという負担をせずにすむ。

8.5.4　図表のすぐそばに、その解釈を書く

　研究結果を図表として示す場合は、その図表から何が言えるのかを示す。こうした図表の解釈も、図表のすぐそばに書くようにしよう。そうすれば、図表とその解釈の間の視線移動の負担を減らすことができる。

例を見てみよう。選手1人あたりが1年間に寿司を食べた回数と、選手の俊敏性および勝利数の関係を調べたとする。その結果と解釈を**図5.17**のように示したとする。

良い例　　　　　　　　　　　　　　**悪い例**

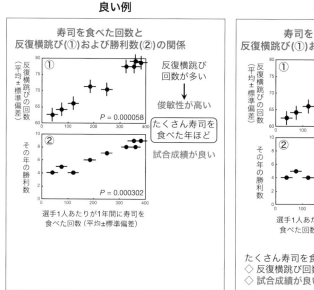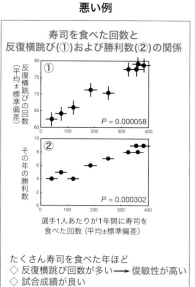

図5.17 **図表の解釈の示し方**

図表のすぐそばにその解釈を示す。それならば聴衆は、視線をあまり移動させずに両者を見ることができる。選手1人あたりが1年間に寿司を食べた回数と、選手の俊敏性および勝利数の関係の架空例。

悪い例では、図表とその解釈が離れたところにある。これだと、1つの図表を見たら、その解釈はどこにあるのかと探さなくてはいけない。解釈の妥当性を吟味するために図表に戻ろうとすると、視線をまた大きく動かすことになる。図表と解釈が離れていると、聴衆は、こういう視線移動を何度も繰り返すことになる。良い例のように図表と解釈が近くにあれば、こうした視線移動をしなくてすむ。

　解釈を書く位置は図表の上か横である。聴衆に訴えたいのは、図表そのものというより、その図表から言いたいことだ。だから、解釈を目立つ位置に書くべきである。図表の下に書くのは勧めない。

第 *9* 章

引用文献と参考文献

書籍・論文・ウェブサイトの記述を引用したり参考にしたりしたら、そのことを論文・プレゼン中で示す必要がある。本章では、引用文献と参考文献の違い・文献情報の示し方・文献リストの作り方を説明する。

要点 5.11　引用文献と参考文献

引用文献
論文・プレゼン中でその記述について言及した書籍・論文・ウェブサイト

参考文献
参考にしたけれど、論文・プレゼン中では一切言及していない書籍・論文・ウェブサイト

心がけること
① 論文・プレゼンの本体部分で引用元を示し、どの部分が引用なのかを明確にする
② 正確に引用する

引用文献・参考文献のリスト
論文でのみ必要（プレゼンでは不要）

9.1　引用文献と参考文献の違い

　引用文献と参考文献は、第一線の研究の世界ではほとんど区別されなくなっている。しかし高校生の論文ではきちっと区別する方がよいと思う。そこでまずは、両者の違いを説明しよう。

9.1.1　引用文献

　引用文献とは、あなたの**論文・プレゼン中**でその記述について**言及した書籍・論文・ウェブサイト**のことである。その記述をそのまま引用したり、あなたの言葉で言い換えて紹介したり、そこにあるデータ等を利用したりした場合、それら書籍・論文・ウェブサイトを引用したことになる。

9.1.2　参考文献

　参考文献とは、研究を進める上で参考にしたけれど、論文・プレゼン中では一切言及していない書籍・論文・ウェブサイトの情報のことである。予備的な知識を得るために参考にしたり、実験・解析・観察・調査等を進めるために参考にしたりしたけれど、論文・プレゼン中には出てこないものすべてだ。高校生の場合、ほとんど何もわからない状態から研究を始めるのだから、参考文献の比重が大きいであろう。

9.2　論文・プレゼンの本体中での引用の仕方

　引用文献の場合、論文の本文中やスライド・ポスターの本体中でその文献の記述を引用する。本節では、引用において心がけることと、引用の仕方を説明する。

9.2.1　引用において心がけること

　引用において心がけてほしいことが2つある。

どの部分が引用なのかを明確にする

　引用においては、**どの部分が引用なのかを明確**にし、かつ、**引用元を明示する**必要がある。しかしながら高校生の論文・プレゼンでは、本体中では引用であることを示さず、引用文献リストを末尾に載せて済ませてしまっているものが多い。たとえば以下のようにである。

例5.45　本文中で引用元が示されていない

地球温暖化問題（＊高校生の研究を元に創作）

【序論】

　地球温暖化が進行している。工業化が起こる前に比べて、2011年〜2020年の世界平均気温は約1.09℃上昇した。脱炭素を進め温暖化をくい止める必要がある。街中の緑のカーテンを見ると住民の節電意識が高まる。そこで本研究では、緑のカーテンを普及させる施策を提案したい。

（＊研究の中身は省略）

【引用文献】

IPCC 第6次評価報告書　https://www.jccca.org/global-warming/trend-world/ipcc6-wg1　2024年3月5日閲覧

村上　一真（2020）街なかの緑のカーテンが住民の節電行動と温暖化防止に取組む自治体への信頼に与える影響の分析　環境科学会誌 33(1): 11–23

序論に書いてあることの多くは他の文献からの引用である。しかしながら引用であることが示されていない。そのため、どの部分が引用でどの部分が自分の考えなのかがわからない。

例5.45の改善例：本文中に引用元を付け加えた

【序論】

　地球温暖化が進行している。工業化が起こる前に比べて、2011年〜2020年の世界平均気温は約1.09℃上昇した（IPCC 第6次評価報告書）。脱炭素を進め温暖化をくい止める必要がある。街中の緑のカーテンを見ると住民の節電意識が高まる（村上 2020）。そこで本研究では、緑のカーテンを普及させる施策を提案したい。

（＊研究の中身は省略）

【引用文献】

IPCC 第6次評価報告書　https://www.jccca.org/global-warming/trend-world/ipcc6-wg1　2024年3月5日閲覧

村上　一真（2020）街なかの緑のカーテンが住民の節電行動と温暖化防止に取組む自治体への信頼に与える影響の分析　環境科学会誌 33(1): 11–23

このように、引用した知見に関しては引用元を必ず入れるようにしよう。引用文献のリストを出すだけではだめである。

正確に引用する

　正確に引用することも心がけてほしい。引用元の著者の意図を曲げずに引用するのだ。不正確な引用をしたら、間違った情報を読者・聴衆に伝えることになる。そうならないためにも、引用文献をきちっと読み、その内容を正しく引用するようにしよう。

9.2.2　引用の仕方

　引用は、その文献を発表した著者や組織の名称を用いて、「著者名または組織名　発表年」という組み合わせで行う。たとえば以下のようにだ。

著者が1人の場合
　福島（2024）は、○○○○○○○○○であることを示した。
　それは○○○○○○○○○である（福島 2024）。

著者が2人の場合
　秋田と福島（2024）は、「○○○○○○○○○」と述べている。
　○○○○○○○○○（秋田と福島 2024）ということである。

著者が3人以上の場合（筆頭著者のみを示す）
　秋田ら（2024）が、○○○○○○○○○を否定した。
　○○○○○○○○○は否定された（秋田ら 2024）。

組織の場合
　寿司研究会（2025）が、○○○○○○○○○と指摘した。
　○○○○○○○○○である（寿司研究会 2025）。

複数の文献が同じことを指摘している場合（発表年の早い文献順に並べる。同一年のものは、五十音またはアルファベット順に並べる。）
　福島（2024）・秋田（2025）・寿司研究会（2025）によると、○○○○○○○○であった。

　　○○○○○○○○○ということである（福島 2024・秋田 2025・寿司研究会
2025）。

同一の著者または組織による、同一年に発表された異なる文献を引用する場合
（発表年に a, b, c, … を添える。引用文献リストでの表記も同様にする。）
　　福島（2024a）が○○○○を、福島（2024b）が◇◇◇◇を行った。
　　これまで、○○○○（福島 2024a）と◇◇◇◇（福島 2024b）が行われた。
　　＊以下の著者名は区別がつくので、a, b, c, … を添える必要はない。
　　福島（2024）・福島と秋田（2024）・福島ら（2024）

ウェブサイト等のため、発表年を特定できない場合（著者名・組織名だけを記
す。）
　　寿司研究会が○○○○を公表している。
　　表 X のデータは、寿司研究会のウェブサイト「△△」によるものである。

　肝要なのは、**引用文献欄の文献リストと 1 対 1 で対応づけできるようにする**
ことである。本文中での引用を見れば、引用文献欄のどの文献かを特定でき、そ
の逆もできることが絶対の条件だ。

9.3　引用文献・参考文献のリストの作り方

　論文では、引用文献・参考文献のリストを末尾に載せる。本節では、その作り
方を説明する。なおプレゼンでは、**引用文献・参考文献のリストは不要である**。

9.3.1　引用文献・参考文献に付すべき情報

　各文献に付すべき情報は以下の通りだ（引用文献も参考文献も同じである）。
各情報の書式（書体とか、スペースで区切るのかカンマで区切るのかといったこ
と）は自由にしてよい。要は、わかりやすければよい。

冊子体の論文の場合

　印刷物として発行されている論文（電子版もあるものを含む）の場合は、以下の情報を載せるようにしよう。

> 全著者の氏名または組織名　発表年　論文タイトル　掲載されている雑誌名　巻番号　最初と最後のページ

> 仙台 萩・山形 紅（2024）　なぜ、日本代表は強いのか：勝利を呼ぶ寿司仮説の検証　○○高校課題研究集 14巻21-25ページ

電子版の論文の場合

　冊子体がなく、電子版しかない論文の場合は以下を載せる。

> 全著者の氏名または組織名　発表年　論文タイトル　掲載されている雑誌名　巻番号　文献番号（または、最初と最後のページ）　doi（doi がない場合は URL）

> 福島 青湖・宮城 そら・青森 もみ（2025）　寿司と刺身は、試合成績に異なる影響を及ぼすのか？　サッカー研究14巻　e313　doi: xxxx/yyyyyyyyy

文献番号（上記の例では e313）とは、その論文に割り振られているはずのものである（論文のどこかに書いてあるはず）。電子版のみの論文にはページ番号がないことが多いので、その代わりとなるものだ。冊子体同様に、その巻号の中でのページ番号が付いている論文の場合には、ページ番号を載せればよい。doi は digital object identifier の略号であり、インターネット上の恒久的な住所のようなものである。URL は変わる可能性があるが、doi は変わることがない。そのため、doi さえわかれば、インターネット上にその論文が存在している限り探し当てることができる。doi が付いていない論文の場合は URL を載せるようにしよう。

書籍の場合

　書籍（電子版があるものを含む）の場合は以下の情報を載せる。

> 全著者の氏名または組織名　発行年　『書名』　発行元

> 寿司研究会（2024）『寿司の研究』　○○出版

複数の著者が分担執筆した書籍の中の、特定の分担部分の場合

　学術書の中には、複数の著者が分担して執筆した書籍もある。その中の、ある著者が分担した部分を示したい場合は以下の情報を載せる。

> その著者の氏名（複数いるなら全著者の氏名）　発行年　分担部分の章の題名　分担部分の最初と最後のページ　書籍の全編集者の氏名または組織名『書名』　発行元

> 岩手 舞（2022）　寿司の効能　55-87ページ　宮城 そら 編『鮮魚の研究』　○○出版

ウェブサイトの場合

　ウェブサイトの情報（電子版の論文・書籍以外のもの）を示す場合には以下の情報を載せる。

> 全制作者の氏名または組織名　閲覧した時点での最終更新年（わかる場合）　ウェブサイト名　URL　閲覧した年月日

> 酒井 聡樹　（2024）　若手研究者のお経　http://www7b.biglobe.ne.jp/~satoki/ronbun/ronbun.html　2024年10月25日閲覧

ウェブサイトは内容が書き換えられうるし、URL も変わりうるので、閲覧日を載せておく必要がある。

9.3.2 引用文献・参考文献のリスト

　文献を、論文の末尾——謝辞の直前か直後——に並べる。引用文献と参考文献を分ける必要はなく、一緒に並べてしまってよい。そして、「引用文献・参考文献」といった見出しを付ける。

　文献は、五十音順またはアルファベット順に並べる。同じ著者の文献がある場合は、発表年（ウェブサイトの場合は最終更新年）の早い順に並べる。必要に応じて、発表年に a, b, c, … を添え、文献が区別できるようにする。

引用文献・参考文献

岩手 舞（2022）　寿司の効能　55-87ページ　宮城 そら 編『鮮魚の研究』
　　○○出版

酒井 聡樹（2024）　若手研究者のお経　http://www7b.biglobe.ne.jp/~satoki/
　　ronbun/ronbun.html　2024年10月25日閲覧

福島 青湖・宮城 そら・青森 もみ（2025a）　寿司と刺身は、試合成績に異なる
　　影響を及ぼすのか？　サッカー研究14巻　e313　doi: xxxx/yyyyyyyyy

福島 青湖・宮城 そら・青森 もみ（2025b）　寿司のどの成分が俊敏性を向上さ
　　せるのか？　サッカー研究15巻　e394　doi: xxxx/yyyyyyyyy

第6部
プレゼンの仕方

第6部では、研究発表のためのプレゼンテーション（プレゼン）の技術を説明する。スライドを使って研究成果を発表する技術（口頭発表のプレゼン技術）および、ポスターを使って研究成果を説明する技術（ポスター発表のプレゼン技術）の説明である。

第 *1* 章

口頭発表とポスター発表に共通するプレゼン技術

本章では、口頭発表とポスター発表に共通するプレゼン技術を説明する。それぞれに特化したプレゼン技術は第2〜4章で説明する。

要点 6.1 口頭発表とポスター発表に共通するプレゼン技術

---

① その部分が、何に関する情報で何を言いたいのかを明示する
② 全体像を示してから細部を説明する
③ 文章で説明せず、絵的な説明にする
④ 言葉を覚えさせない
⑤「主張を上に、理由・根拠をその下に」という示し方にする
⑥ 見出し・重要事項を目立つ文字にする
⑦ 目が行ってほしい部分を枠で囲って示す
⑧ 色を使って情報を対応づける
⑨ 大きな文字で、ゴシック体で、背景とのコントラストを明確に
⑩ 色覚多様性に配慮する
⑪ 理解に必要な情報はすべて書いておく

1.1 その部分が、何に関する情報で何を言いたいのかを明示する

　まずもって大切なのが、**その部分が何に関する情報なのかを明示する**ことである。その部分とは、口頭発表の場合は個々のスライドのことであり、ポスター発表ではポスター内の各部分（序論・研究方法1・研究方法2・結果1・結果2などの各部分）のことである。たとえば、「北海道に1、東北に7、関東に18、……」といきなり言われても、何の話なのかと戸惑うばかりであろう。「Jリーグクラブの数」と前もって知らされていたら、この情報を受け入れる準備をする

ことができる。

　もう一つ大切なのが、その情報に関して**要は何を言いたいのか**を示すことである。言いたいことの要点をまとめるのだ。そうすれば聴衆は、その情報のことを理解しやすくなる。ただし、要点を示す必要がない情報もある（1.1.2項参照；p.231）。

　本節では、何に関する情報で何を言いたいのかの示し方を説明する。

1.1.1　見出しをつける

　すべての情報に見出しをつけよう。見出しがあれば、それが何に関する情報なのかを聴衆は知ることができる。

　見出しには以下の2種類がある。

> **目次的な見出し**：「序論」「研究方法」「結果」「考察」など
> **個別情報を示す見出し**：「寿司を食べた回数と勝利数の関係」「寿司を食べるかどうかが勝利数に与える影響」など

目次的な見出しの下に個別情報を示す見出しが位置する。たとえば、「研究方法」の下に、「寿司を食べるかどうかが勝利数に与える影響」という見出しがくる。

　気をつけてほしいのは、**個別情報を示す見出しを必ず書く**ということである。以下はありがちな例だ。

例6.1　個別情報を示す見出しがない

衛星画像を解析して、雲の発達域と実際に雨が降っている地域が
一致しているのかどうかを示したスライド

検証2

　「検証2」は目次的な見出しだ。個別情報を示す見出しがないので、何に関する情報なのか理解できない。

このように、「実際の雨域（左）と衛星画像で推定した雨雲域（右）」という個別情報を示す見出しがあれば、何に関する情報なのかを理解できるであろう。なお、「おおむね一致！」と、言いたいことの要点も付け加えている（1.1.2項参照；p.231）。

　口頭発表の場合は、目次的な見出しを省略可能な場合もある。「序論」という見出しは省略してよい。序論から始まるに決まっているので、なくても理解できるからである。研究方法・結果・考察の各部分で複数のスライドを示す場合は、各部分の冒頭で、「研究方法」「結果」「考察」という見出しを示したスライドを出せばよい（**折り込みスライド**参照）。以降のスライドでは、これらの見出しをいちいち書いておかなくてもよい。

　ポスター発表の場合は、「序論」という見出しも含め、該当部分にそれぞれの目次的な見出しを書くようにしよう（**折り込みポスター**参照）。1枚のポスターの中で、その部分が何にあたるのかを明確にしておく必要があるからである。

1.1.2　言いたいことの要点を示す

　例6.1の改善例の「おおむね一致！」のように、言いたいことの要点をまとめよう。これがあると、言いたいことが明確になり理解しやすい。例6.2のようでは何を言いたいのか理解できないであろう。

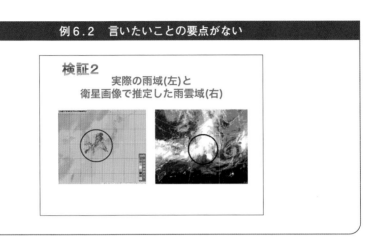

言いたいことの要点を口頭で言うだけでは駄目である。必ず書き示して聴衆が一目で理解できるようにしよう。

　ただし、言いたいことの要点が不要なものもある。たとえば、何かの実験を行った場合に、その実験条件を説明する場合や、アンケート方法の説明で、各アンケート項目を羅列的に示す場合などだ。こうした情報は、要点をまとめるようなものではないので、要点を示す必要はない。

1.2　全体像を示してから細部を説明する

　これから伝える情報の全体像を前もって示すことも効果的だ。それに続いて詳細を説明する。全体像があれば、要はこういうことだと理解した上で話を聴くことができるからだ。

　たとえば、「寿司を食べるかどうかが勝利数に与える影響」の実験を説明するとする。全体像を示さない説明だとどうなるか。

例6.3　全体像の説明がない

寿司を食べるかどうかが
勝利数に与える影響

◇ 日本代表が寿司を絶つ

◇ スイス代表
　　パラグアイ代表　が寿司を食べる

◇ 2024年に実施

◇ 操作実験を始めて2週間が経過して以降の
　　試合が対象

◇ 実験の前後で、対戦相手の実力を揃えた

◇ 勝利数を比較
　　日本代表
　　断つ直前の10試合 ◀▶ 断ってからの10試合

　　スイス代表・パラグアイ代表
　　食べる直前の10試合 ◀▶ 食べてからの10試合

◇ 一般化線形モデルで検定

読み取りに苦労するのではないか。実験の全体像や狙いの説明なしに、細部の説明が始まっているからである。

例6.3の改善例：始めに全体像を示す（スライド2枚に分割）

寿司を食べるかどうかが
勝利数に与える影響

勝利数を比較

日本代表が寿司を絶つ
絶つ直前の10試合 ◀▶ 絶ってからの10試合

スイス代表
パラグアイ代表　が寿司を食べる
食べる直前の10試合 ◀▶ 食べてからの10試合

実験条件

◇ 2024年に実施

◇ 操作実験を始めて2週間が経過して
　　以降の試合が対象

◇ 実験の前後で、
　　対戦相手の実力は揃えた

◇ 一般化線形モデルで検定

これならば理解しやすいであろう。全体像（概要）を知った上で、細かい実験設定を聴くことができるからだ。

1.3　文章で説明せず、絵的な説明にする

1.3.1　文章で説明しない

　プレゼンでは、**文章で説明しない**ことが鉄則である。スライドやポスターに文章を書き連ねて、それを読ませてはいけない。文章を読解するという努力を聴衆に強いることになるからだ。学術的な文章の読解というものは、何度も読み直したり、書き込んだり線を引いたりできる状況下で行うものである。**文章を見ただけで聴衆は、その発表を理解する意欲を減退させてしまう**と心得てほしい。

　文章ばかりのスライドの例を見てみよう。

例6.4　文章で説明している

金メッキの作り方を調べた研究

序論

　魅惑的な輝きを放つ金メッキは装飾などで多用されている。私たちは、そのような金メッキを作成しようと考えた。しかし、工業的には製造方法は決まっているが、シアン化物などの毒物を使うために生徒実験では行うことができない。そこで、生徒実験で手軽に行うための実験条件を確立するために、金メッキを作成する条件の研究を行った。

このように文章が連なっていては、言いたいことを聴衆自身が読み取らなくてはいけなくなる。多くの聴衆は、その努力を放棄してしまうであろう。

　できるだけ絵的な説明にし、**情報を視覚的に理解**できるようにしよう。たとえば以下のようにである。

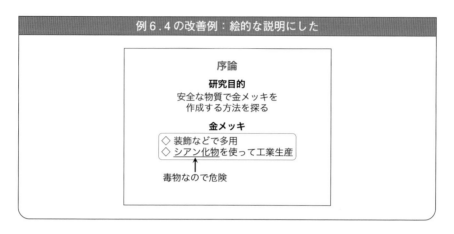

言っている内容は同じである。されど、読解の楽さが全然違うであろう。

　第5部（p.143）で用いた説明例は論文のものばかりであった。そのため文章中心になっている。これらの例の内容をスライド・ポスターにするときは、文章ではなく絵的な説明にするように心がけてほしい。

1.3.2　絵的な説明にするコツ

　情報を視覚的に理解できるよう絵的な説明にするためには、以下を行うことである。

① 無駄な情報を削る
② 情報を最小単位に分割する
③ 情報の最小単位を役割ごとに分ける
④ 全体の論理構造を視覚的に示す
⑤ 言葉をできるだけ短くする

① 無駄な情報を削る

　第一に行ってほしいのは、無駄な情報を削ることである。そのことを本当に示す必要があるのか吟味しよう。無駄な情報は、聴衆の理解の妨げになるだけである。厳しく吟味し、**ひとことたりとも無駄なものがないように**しよう。文章による説明を平気で書き連ねる人は、どうもこの意識がないようである。たとえば例

6.4（p.233）では以下は不要であろう。

> 「魅惑的な輝きを放つ金メッキ」← 言われなくても聴衆は知っている。
> 「私たちは、そのような金メッキを作成しようと考えた。」← あとの記述と重複
> 「しかし、工業的には製造方法は決まっているが、」← 無用な前置き

② 情報を最小単位に分割する

　情報を最小単位に分割してみよう。要は、情報を1つずつ箇条書きするのである。例6.4は以下のようになる（言葉使いを多少変えている）。

> ・金メッキは装飾などで多用されている
> ・シアン化物を使って工業生産される
> ・シアン化物は毒物なので危険である
> ・安全な物質で金メッキを作成する方法を探る

こうするだけで、かなりすっきりしたであろう。

③ 情報の最小単位を役割ごとに分ける

　最小単位の情報は、それぞれに何らかの役割を担っている。役割ごとに分けて、それぞれの役割を表す見出しを付けよう。そうすれば、各最小単位の役割を理解しやすくなる。たとえば例6.4は、以下のように分けることができる。

> **研究目的**
> 　安全な物質で金メッキを作成する方法を探る
>
> **金メッキとは**
> 　・金メッキは装飾などで多用されている
> 　・シアン化物を使って工業生産される
> 　・シアン化物は毒物なので危険である

④ 全体の論理構造を視覚的に示す

　情報と情報の間の論理的な関係を視覚的に示そう。文章をできるだけ使わずに、絵的に説明するのである。たとえば例6.4の改善例（p.234）のようにだ。この方が、上記③の状態よりも情報を早く読み取れるであろう。

⑤ 言葉をできるだけ短くする

　説明に使う言葉もできるだけ短くしよう。その方が読み取りが楽だからである。たとえば、「シアン化物を使って工業生産される」よりも、「シアン化物を使って工業生産」の方が短くてよい。わかりやすさを損なわない範囲で、最短の言葉を選ぶようにしよう。

　このようにして、例6.4の改善例（p.234）のようなものに仕上げていこう。

1.4　言葉を覚えさせない

　新たな言葉を定義して、それを説明に使いたいと思うこともある。ある概念や言葉を、短い言葉に置き換えるわけである。この場合はまず、置き換えが本当に必要かどうかを考えてほしい。置き換える場合は、それが表していることをうまく要約した言葉にする。**略号など、中身を連想できない言葉を絶対に使ってはいけない。**具体的には、以下で説明する2つのことを守るようにしよう。

1.4.1　短い言葉はそのまま使う

　そもそも短い言葉（名称等）を略号に置き換えている発表を見かける。しかしそんな置き換えは無用である。

　例を見てみよう。生徒の遺伝子を調べ、祖先がどういう系統なのかを調べた研究である。発表の前の方で以下のように M, N, D を定義している。

> M：南方系縄文人系統
> N：北方系縄文人系統
> D（D4，D5）：弥生人系統

そしてこのようなスライドが出てくる。

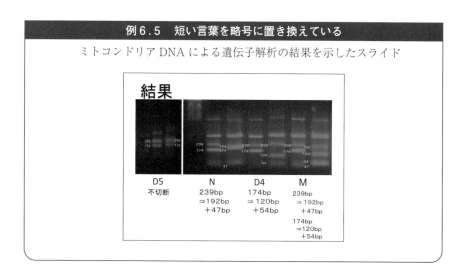

データの見方は気にしなくてよい。見てほしいのは、D5, N, D4, M という略号を用いて、それぞれの結果を示しているということである。しかし、一度説明されただけで、D5, N, D4, M が何なのかを覚えている聴衆などいない。だから聴衆は、「どれがどれだっけ？」と悩んでしまうことになる。

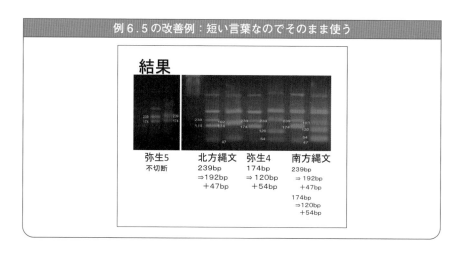

これならば聴衆は楽に理解することができる（ただし、図のタイトルと言いたいことの要点を書いていないという問題はある）。

　略号に置き換えてしまうのは、スペースを節約したいと思うためである。図や表に書き込むには、略号の方が短くて便利というわけだ。しかし、そもそも短い言葉をさらに短くしてどれほどの効果があるのか。聴衆に伝わってこそその図表である。図や表においても、略号にせずに、その言葉をそのまま使うことを心がけよう。

<h3>1.4.2　長い言葉は、中身を要約した言葉に置き換える</h3>

　長い言葉を短い言葉に置き換えることは有効である。何らかの概念等を表す言葉を定義して、以降の説明ではその言葉を使う場合などだ。この場合も、略号を絶対に使ってはいけない。**中身をうまく要約した言葉を使う**ようにしよう。

　たとえば、寿司の効果の解析の一環として、

> その年の勝利数／その年に寿司を食べた回数

という比を計算したとする。これを、「VSE」などと定義してはいけない（Victory/Sushi Efficiency から）。「VSE は春夏ほど大」などと言われても、聴衆にはほとんど伝わらない。くどいようだが、「VSE の説明はしたから大丈夫」などというのは通用しない。とはいっても、「『その年の勝利数／その年に寿司を食べた回数』は春夏ほど大」も確かにわかりにくい。「寿司の勝利効率」といった定義なら、計算式の意味の要約もできている。「寿司の勝利効率は春夏ほど大」の方がわかりやすいであろう。ただし、図の軸や表の行と列の説明においては、

> 「寿司の勝利効率（その年の勝利数／その年に寿司を食べた回数）」

というように元々の言葉を括弧書きで添えて、聴衆の理解を助けることも大切である。

1.5 「主張を上に、理由・根拠をその下に」という示し方にする

　主張を上に書き、それを支える理由や根拠をその下に書くようにしよう。一番訴えたいのは主張である。際立たせるために主張を上に書くのだ。

　例を見てみよう。

例 6.6　良い例：主張が上にある

日本代表が強いのは寿司を食べているからと結論する部分

結論
日本代表が強いのは寿司を食べているから

↑

◇ たくさん食べた年ほど勝利数が多かった
◇ 食べるのを止める
　　：俊敏性が落ち弱くなった
◇ 他国が食べる
　　：俊敏性が上がり強くなった

「日本代表が強いのは寿司を食べているから」という主張が強く訴えられていて印象に残りやすいであろう。主張が下だとどうなるか。

例 6.6 の改悪例：主張が下にある

結論
◇ たくさん食べた年ほど勝利数が多かった
◇ 食べるのを止める
　　：俊敏性が落ち弱くなった
◇ 他国が食べる
　　：俊敏性が上がり強くなった

↓

日本代表が強いのは寿司を食べているから

ちょっと力強さに欠けた主張になってしまうであろう。

1.6　見出し・重要事項を目立つ文字にする

　見出しと重要事項を目立つ文字にして、聴衆の目が行きやすいようにしよう。
目立たせ方の基本を**図 6.1**にまとめた。以下で説明していく。

見出し：大きな太字

（上位の見出しほど大きな文字に
　下位の見出しは普通の大きさでもよい
　適宜、色文字に）

言いたいことの要点：普通の大きさで太い色文字
　　　　　　　　　：普通の大きさの太字でキーワードを色文字
（いずれも、とくに重要なら大きな文字に）

その他の大切な部分：普通の大きさ太さの色文字

その他の部分：普通の大きさ太さの黒字

図 6.1　**見出しと重要事項の目立たせ方の基本**

言いたいことの要点の目立たせ方には、全体を色文字にするかキーワードのみを色文字に
するかの 2 通りがある。

1.6.1　見出しを目立つ文字にする

　見出し（目次的な見出しと個別情報を示す見出し；p.229 参照）は必ず目立た
せる。見出しが目につけば、そこに何が書いてあるのかがすぐにわかるからであ
る。
　たとえば、例 6.4 の改善例（p.234）の見出しを他の部分と同じ文字で書いて
しまうとどうなるか。

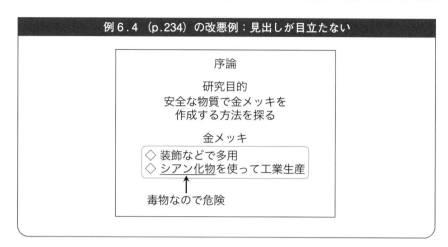

なんとも、情報を読み取りにくくなってしまうであろう。

　見出しは、他の部分よりも大きな文字の太字にする（**図6.1**；p.240）。見出しに階層構造がある場合は、上位のものほど文字を大きくする（下位の見出しは普通の大きさでもよい）。文字色は黒でもよいが、色文字にすることでより目立たせてもよい。

1.6.2　重要事項を目立つ文字にする

言いたいことの要点

　その部分で言いたいことの要点（1.1.2項参照；p.231）を目立たせる方法は2つある。全体を、普通の大きさで太字の色文字にする（例6.6 良い例；p.239）か、全体を、普通の大きさの太字にしつつ、キーワードのみを色文字にするかのどちらかである（例6.7 良い例）。いずれの場合も、とくに重要な場合は文字を大きくしよう。

例6.7　良い例：言いたいことの要点が目立つ

日本代表が強いのは寿司を食べているからと結論する部分

> **結論**
> **日本代表が強いのは**寿司**を食べているから**
>
>
> ◇ たくさん食べた年ほど勝利数が多かった
> ◇ 食べるのを止める
> 　：俊敏性が落ち弱くなった
> ◇ 他国が食べる
> 　：俊敏性が上がり強くなった

言いたいことの要点が普通の大きさ太さの黒字だとどうなるか。

例6.7の改悪例：言いたいことの要点が普通の大きさ太さの黒字

> **結論**
> 日本代表が強いのは寿司を食べているから
>
>
> ◇ たくさん食べた年ほど勝利数が多かった
> ◇ 食べるのを止める
> 　：俊敏性が落ち弱くなった
> ◇ 他国が食べる
> 　：俊敏性が上がり強くなった

目立たなくなって、要点として読み取りにくいであろう。

要点以外の大切な部分

　言いたいことの要点以外にも目立たせたい部分がありうる。何らかのキーワードなど、目に入ってほしい部分である。そうした部分を、普通の大きさ太さの色文字にして目立たせよう（**図6.1**；p.240）。

　例を見てみよう。まずは、キーワードを上手に強調している例である。

例 6.8　良い例：キーワードが目立つ

植物細胞の単離と生体染色に関する研究（＊一部改変している）

＜目的＞

体細胞分裂を観察するとき

固定・解離
⇩
酢酸カーミンで染色
⇩
観察
この時観察しているのは死細胞

＊固定：細胞を、生きたままに近い状態で活動停止させること。
＊解離：固まっている細胞をばらばらにすること。
＊酢酸カーミン：細胞を染色する溶液の一つ。

死細胞を観察しているので、生きた細胞を観察してみたいとつなげるスライドである。「死細胞」というキーワードが強調されているおかげで、この発表の焦点を捉えやすいであろう。これが以下のようでは、印象が弱まってしまう。

例 6.8 の改悪例：キーワード「死細胞」が目立たない

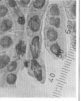

＜目的＞

体細胞分裂を観察するとき

固定・解離
⇩
酢酸カーミンで染色
⇩
観察
この時観察しているのは死細胞

　ただし、太文字にするなどして過度に目立たせるのはよくない。要点よりは重要度が劣る部分なので、目に入りやすいようにすれば十分である。

1.7　目が行ってほしい部分を枠で囲って示す

　重要事項というわけではないのだが、ここに目が行ってほしいという部分があるとする。そういう部分を枠で囲うなどして、聴衆の目が行きやすいようにしよう。

　例を見てみよう。

例6.9　良い例：目が行ってほしい部分を枠で囲っている

寿司のおかげで俊敏性向上という着眼を説明する部分

寿司のおかげで俊敏性向上？

☆ 寿司は良質なタンパク質
☆ 選手はよく食べている

◇ 選手が行くのは
　高級寿司店
◇ ネタの仕入れは
　その日の朝
◇ シャリはササニシキ

言いたいことの要点は「寿司のおかげで俊敏性向上？」である。そう考える根拠「寿司は良質なタンパク質」「選手はよく食べている」は、重要度は落ちるけれど見てほしい部分だ。そこを枠で囲ってあると自然と目が行くであろう。枠がないとどうなるか。

> ### 例6.9の改悪例1：目が行ってほしい部分を枠で囲っていない
>
> #### 寿司のおかげで俊敏性向上？
>
> ☆ 寿司は良質なタンパク質
> ☆ 選手はよく食べている
>
>  ◇ 選手が行くのは
> 　　高級寿司店
> ◇ ネタの仕入れは
> 　　その日の朝
> ◇ シャリはササニシキ

これだと目が行きにくくなってしまう。かたや、目立たせすぎるのもよくない。

> ### 例6.9の改悪例2：目が行ってほしい部分を目立たせすぎ
>
> #### 寿司のおかげで俊敏性向上？
>
> ☆ 寿司は良質なタンパク質
> ☆ 選手はよく食べている
>
>  ◇ 選手が行くのは
> 　　高級寿司店
> ◇ ネタの仕入れは
> 　　その日の朝
> ◇ シャリはササニシキ

これでは、言いたいことの要点「寿司のおかげで俊敏性向上？」よりも重要に見えてしまうであろう。

　このように、何でもかんでも強調文字にするのではなく、枠で囲うといった手法も覚えておいてほしい。

1.8　色を使って情報を対応づける

　同じ情報を同じ色にするなどして、情報を対応づけることも効果的である。た
とえば、寿司の効果を春夏と秋冬で調べた場合、「春夏」という文字と春夏の
データ、「秋冬」という文字と秋冬のデータをそれぞれ同じ色で示すとよい。そ
うすれば、聴衆による読み取りが楽になる。

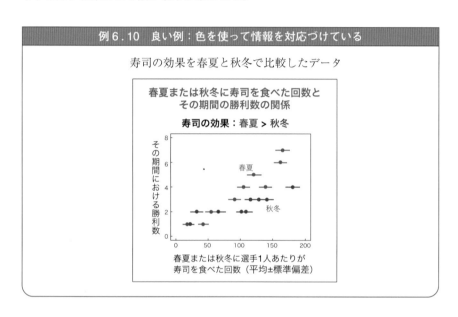

例6.10　良い例：色を使って情報を対応づけている

寿司の効果を春夏と秋冬で比較したデータ

　結果の要約「寿司の効果：春夏＞秋冬」のところで色づけをしているので、図中
の点との対応づけがしやすいであろう。これを同じ色にしてしまうと、読み取り
に少し手間取ってしまう。

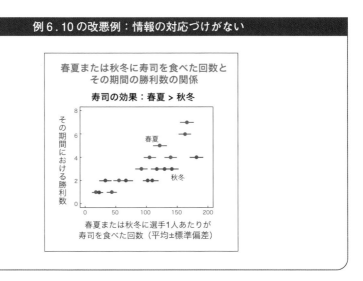

1.9 大きな文字で、ゴシック体で、背景とのコントラストを明確に

スライド・ポスターは聴衆に見せるためのものである。そのすぐそばに立っているあなたが見るためのものではない。だから、聴衆の位置から見やすいスライド・ポスターを作らなくてはいけない。そのためには、大きな文字で、ゴシック体で、背景とのコントラストを明確にすることである。本節で、それぞれを説明する。

1.9.1　大きな文字で

最も基本的なことは、文字を大きくすることである。スライドならば、会場後方の壁際（壁際に立つ聴衆もいる）から楽に見える大きさ、ポスターならば、4〜5m離れたところから楽に見える大きさにする。「楽に」とわざわざ書いたのは、聴衆によって視力がずいぶんと異なるからである。どんな人にも見やすいよう配慮しよう。

文字の大きさを決めるには、スライド・ポスターを作って試してみることが一番である。スライドを、講堂・体育館・教室などで映して、後方の壁際から見てみる。ポスターを壁に貼って、4〜5m離れたところから見てみる。そして、

楽に見える大きさに決める。ちなみに私は、スライドならば32ポイント、ポスターならば45ポイントの文字を基本としている（タイトル・見出しの文字はもっと大きくしている）。

　一つ釘を刺しておく。載せる情報を増やそうとして、文字を小さくしてはいけない。見えてこその情報である。見にくい文字で詰め込む意味はない。スライド・ポスターのスペースが足りない場合は、情報を削ることを試みるべきだ。口頭発表の場合は、1枚のスライドに詰め込まずに複数のスライドに分割することも考えよう（2.3節参照；p.258）。

1.9.2　ゴシック体で

　フォントは、すべての部分において（見出しでも本文でも）ゴシック体を使うようにしよう。○○ゴシックという名称のフォントで、線の幅が均一なのが特徴である。明朝体（○○明朝という名称のフォント）はプレゼン向きではないので使わない。線の幅が部位によって異なるため、文字が目立ちにくいのだ。

例6.9（p.244）の改悪例3：明朝体を使っている

寿司のおかげで俊敏性向上？

☆　寿司は良質なタンパク質
☆　選手はよく食べている

◇　選手が行くのは
　　高級寿司店
◇　ネタの仕入れは
　　その日の朝
◇　シャリはササニシキ

例6.9（p.244）はすべてヒラギノ角ゴシックで書かれている。それを明朝体にすると読み取りやすさが落ちるであろう。

1.9.3　背景とのコントラストを明確に

　文字と背景とのコントラストを明確にして、文字を見やすくすることも忘れてはいけない。基本は、白（薄い色）の背景に黒（濃い色）の文字、または、黒（濃い色）の背景に白（薄い色）の文字である。強調したい文字は色を変えるけれど、背景とのコントラストを保つように気をつけよう。

　色使いでは、見やすさを最優先させるべきである。それを忘れて、絵画的に綺麗な色使いに走ってはいけない。あなたが行おうとしているのは学術なのだ。情報をわかりやすく伝えることだけを考えればよい。たしかに、綺麗であるに越したことはない。しかし、いくら綺麗に作っても、「綺麗だな」と思われるだけである。聴衆はすぐに、中身の吟味に移ってしまうのだ。

　極悪な例は、写真や絵を背景にしたポスター・スライドである。

例 6.11　極悪の例：写真や絵を背景にしている

こうしたものは、わざわざ文字を見にくくしているとしか思えない。袋文字にすれば少しは読みやすくなるが、それとて、改善例には劣るであろう。

例6.11の改善例：写真や絵を背景にしていない

酒井あん
キャバリア・キングチャールズ・スパニエル

性格：凶暴かつ臆病
特徴：うるさい
特技：クラウチングスタート
　　　1.「位置について」で伏せる
　　　2.「ヨーイ」でお尻をあげる
　　　3.「どん」で、おやつに突進する

写真や絵を示した説明は有効である。その場合は改善例のようにして、背景としては使わないようにしよう。

1.10　色覚多様性に配慮する

　色覚多様性への配慮も忘れてはいけない。日本人の場合、男性の5％・女性の0.2％が見にくい色の組合せを持つ（日本眼科学会ウェブサイト）。聴衆の中に必ずいると考えるべき数字だ。色文字を使う場合や、図中の記号などに色を付ける場合は、誰にでも区別がつきやすい色にしよう。**図6.2**を参考にして色の組合せを決めてほしい。

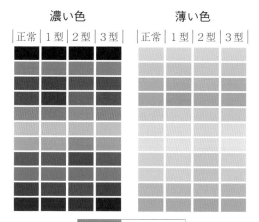

図6.2 **色覚多様性**

濃い色と薄い色に分けて示す。濃い色を文字色とし、白（この図には入っていない）または薄い色を背景色とするか、その逆の使い方とする。Uding CFUD ver. 2.0（東洋インキ）を用いて作成。1型：赤を感じにくい、2型：緑を感じにくい、3型：青を感じにくい。3つの中では1型・2型の人がとくに多い。

　記号や線の場合、色だけを変えるのではなく、記号等の形（●◆■▲など）や線種（実線──、破線------、点線……など）も変えるという方法もある。記号や線の種類が多い場合は、色と形の組合せを変えて表現しよう。種類が少ない場合は色を変えるだけでよい。あるいは、形・線種だけを変えるのでもよい。

1.11　理解に必要な情報はすべて書いておく

　プレゼンの鉄則は、説明を聴かなくても、**スライドまたはポスターを見ただけで発表内容が理解できる**ようにすることである。つまり、**理解に必要な情報をすべて書いておく**ことである。

　例を見てみよう。

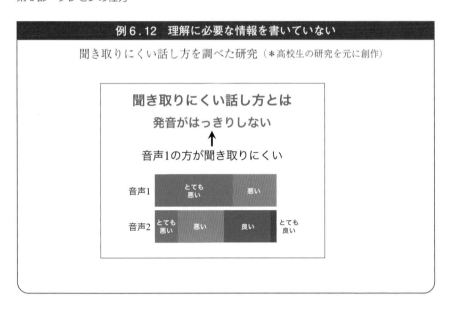

図はアンケート結果だろうと想像はできる。しかし何についてのアンケートなのかわからない。音声1と音声2の説明もない。そのため、「音声1の方が聞き取りにくい」とどうして「発音がはっきりしない」話し方が聞き取りにくいと言えるのか理解できない。

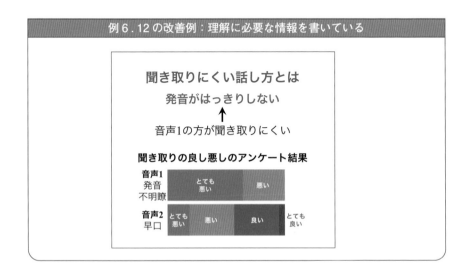

必要な情報が書いてあるので、改善例ならば理解できるであろう。

　ポスター発表の場合、発表者がいないときにも聴衆はやってくる。だから当然、見ただけでわかるようにしておかなくてはいけない。

　口頭発表の場合は、発表者の説明なしに聴くことはありえない。しかしそれでも、見ただけでわかるスライドにしておかなくてはいけない。なぜならば聴衆は、自分のペースで勝手に理解を進めるものだからだ。聴衆にとっては、スライドが「主」、発表者の説明が「従」である。聴衆は、あなたの説明に聴き入るのではなく、スライドに見入るのだ。だから、大切なことを口頭だけで説明すると、聴衆が聞き漏らす可能性がある。スライドに、大切なことはすべて書いておかなくてはいけない。

　前の方のスライドやポスターの他の部分で説明しているので、そこではもう説明しないというのも駄目である。聴衆は今その部分を見ているのだ。必要な情報がその部分にないと、聴衆はちゃんと理解できないであろう。

　むろん、口頭で話すことをそのままスライド・ポスターに書けということではない。それでは原稿になってしまう。しかし、発表内容を理解するために必要な情報はすべて書いておくべきである。

第 *2* 章

スライドの作り方

本章では、わかりやすいスライドを作るコツを説明する。第4部（p.135）
および第6部第1章（p.228）で説明したことに加えて心がけてほしいこと
である。日本代表に関する研究のスライド（折り込みスライド）を例に解説
していこう。

要点6.2	**わかりやすいスライドにするコツ**（要点4.1（p.138），要点6.1（p.228）に加えて心がけるべきこと）

① どういう情報を伝えるのかを前もって知らせる
② 各スライドに見出しを付け、言いたいことの要点も示す
③ 1枚のスライドで1つのことだけを言う
④ 大切なことはスライド上部に書く
⑤ 中央配置を基本とする
⑥ 序論の最後で研究目的を明示する
⑦ 発表の締めにまとめを出す

2.1　どういう情報を伝えるのかを前もって知らせる

　情報というものは、これからどういうものが来るのかを知った上で聴く方が理解しやすい。前もって知っていれば、その情報を受け入れる準備ができるからである。だから必ず、どういう情報を伝えるのかを前もって知らせるようにしよう。

　そのためには適宜、これから話す項目をまとめたスライドを示すことである。たとえば、日本代表の研究において調査・実験内容の説明をするとする。その場合はこのようなスライドを提示する。

例6.13　これから話す項目をまとめたスライド

> **調査・実験**
>
> ◇ 寿司を食べた回数と勝利数の関係
> ◇ 寿司を食べるかどうかの操作実験
> 　・勝利数に与える影響
> 　・俊敏性に与える影響

これがあれば、これからどういう情報が来るのかを聴衆は知ることができる。

　話の流れから、次に来る情報を予測できる場合はこうしたことをしなくてよい。たとえば**折り込みスライド**13では、これから説明する結果の具体的項目を書いていない。これは、スライド8〜12で調査・実験内容を説明ずみだからである。スライド13にも繰り返し書くと、無駄に読ませる情報を加えることになってしまう。

2.2　各スライドに見出しを付け、言いたいことの要点も示す

1.1節（p.228）で、その部分が、何に関する情報で何を言いたいのかを明示することが大切だと述べた。スライドの場合、これを行うための基本型が3つある（**図6.3**）。

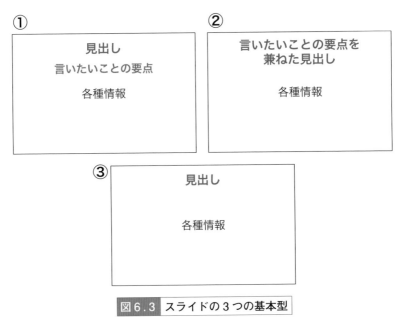

図6.3　スライドの3つの基本型

「見出し」が、何に関するスライドなのかを示す。「言いたいことの要点」は、そのスライドで示していることの要点である。要点としてまとめる必要がない場合は「言いたいことの要点」は不要である。①「見出し」と「言いたいことの要点」を明記。②「言いたいことの要点を兼ねた見出し」を明記。③「見出し」のみを明記（言いたいことの要点が不要な場合）。

1.6節（p.240）の説明に従い、「見出し」「言いたいことの要点を兼ねた見出し」を見出しとして目立たせる。「言いたいことの要点」は重要事項として強調する。

例を見てみよう。まずは、①「見出し」と「言いたいことの要点」の例からだ。

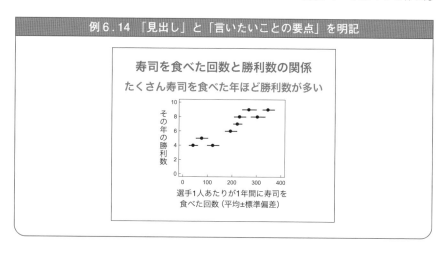

例 6.14　「見出し」と「言いたいことの要点」を明記

例 6.14 では、「寿司を食べた回数と勝利数の関係」が見出しで、「たくさん寿司
を食べた年ほど勝利数が多い」が言いたいことの要点、図が各種情報である。次
は、②「言いたいことの要点を兼ねた見出し」の例である。

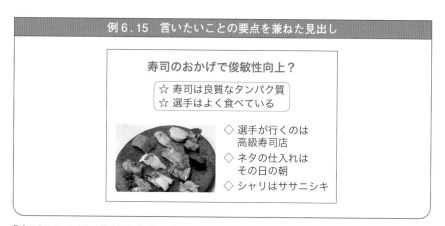

例 6.15　言いたいことの要点を兼ねた見出し

「寿司のおかげで俊敏性向上？」が、言いたいことの要点を兼ねた見出しである。
その下に、補足説明的に各種情報がある。最後は、③「見出し」のみの例である。

例6.16　見出しのみ

実験条件

◇ 2024年に実施

◇ 操作実験を始めて2週間が
　経過して以降の試合が対象

◇ 実験の前後で、
　対戦相手の実力は揃えた

◇ 一般化線形モデルで検定

「実験条件」が見出しで、その説明が各種情報である。実験条件はまとめるようなものではないので、「言いたいことの要点」は書いていない。このように、そのスライドの内容をまとめる必要がない場合は見出しのみでよい。

見出しには、目次的な見出しと個別情報を示す見出しの2つがある（1.1.1項参照；p.229）。

目次的な見出しは、それぞれの冒頭で一度出せばよい。たとえば**折り込みスライド**13のようにである。その後、スライド14〜16で結果の説明をしている。場合によっては、目次的な見出しをスライド上部に書き、その下に、その見出し下の情報を書いてもよい。たとえば**折り込みスライド**17では、「結論」という目次的な見出しと結論の中身を同じスライドで示している。なお、「序論」という目次的な見出しは不要である。序論から発表が始まるに決まっているので、わざわざ示すまでもないのだ。

個別情報を示す見出しは各スライドに必ず書くようにしよう。たとえば、**折り込みスライド**2〜6、9、10、12、14〜16、18のようにである。

2.3　1枚のスライドで1つのことだけを言う

1枚のスライドで1つのこと**を言う**ようにしよう。1枚のスライドにいくつものことを書いてはいけない。**情報量が多いスライドを出すと、聴衆は、理解する気をなくしてしまうのだ**。たとえば、**折り込みスライド**9〜12を1枚のスライドにしてしまうとどうなるか。

例6.17　1枚のスライドで複数のことを言っている

調査・実験

寿司を食べた回数と勝利数の関係

1年間に寿司を
食べた回数　　　　その年の勝利数
(1人あたり)

◇ 2016年-2024年のデータを解析
◇ 各年から、対戦相手の実力が揃うように
　機械的に10試合ずつを抽出
◇ 一般化線形モデルで検定

寿司を食べるかどうかが
勝利数に与える影響

勝利数を比較

日本代表が寿司を絶つ

絶つ直前の10試合 ←→ 絶ってからの10試合

スイス代表
パラグアイ代表 が寿司を食べる

食べる直前の10試合 ←→ 食べてからの10試合

実験条件

◇ 2024年に実施
◇ 操作実験を始めて2週間が
　経過して以降の試合が対象
◇ 実験の前後で、
　対戦相手の実力は揃えた
◇ 一般化線形モデルで検定

寿司を食べるかどうかが
俊敏性に与える影響

試合後に、反復横跳び試験をしてもらった

◇ 3本の線を、30秒間で跨いだ回数を記録
◇ 一般化線形モデルで検定

情報量が多くて、引いてしまうであろう。

　1つのことだけを言うべきなのは、作業記憶による制約があるためである（第4部2.3節参照；p.139）。私たちは、一どきにたくさんの情報を処理できない。しかし、小分けにして少しずつ示されれば、総量の多い情報も処理できるのだ。だから、複数の情報は複数のスライドに分割する。そして、1つのことだけが載っているスライドを順次示していく。スライドの枚数が増えてもまったくかまわない。例6.17も、**折り込みスライド**9〜12のように分割して示されたら問題なく理解できるであろう。

　「1つのこと」とは、1つのまとまりとして**理解してほしい情報**のことである。たとえば**折り込みスライド**9は、「寿司を食べた回数と勝利数の関係」についての1つのまとまりの情報である。スライドを作ったら、それで1つのまとまりの情報なのか、あるいは、複数のまとまりが混在してしまっているのかを確認してほしい。

2.4　大切なことはスライドの上部に書く

　大切なことは、スライドの上部に書くようにしよう。スライドの下部は、前に座っている聴衆の頭に隠れて見えないことがあるためである。だから、そのスライドで言いたいことの要点を、スライドの下部に書いてはいけない。

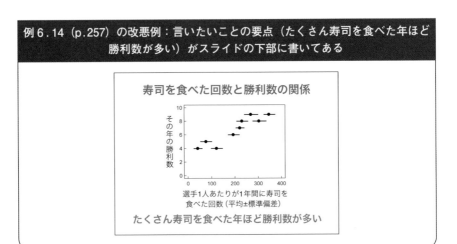

例6.14（p.257）の改悪例：言いたいことの要点（たくさん寿司を食べた年ほど勝利数が多い）がスライドの下部に書いてある

　この改悪例のようなスライドが高校生の発表で非常に多い。論理の流れが「データ → それから言えること」なので、言いたいことの要点を下に書いてしまうのだ。しかしこれでは肝心の情報が見にくい位置にきてしまう。**図6.3**（p.256）のスライドの基本型にあるように、言いたいことの要点を各種情報の上に書くようにしよう。

2.5　中央配置を基本とする

　まず始めに、聴衆がスライドのどこを見るのかを考えよう。何も書いていない真っ白なスライドを提示すると、ほとんどの聴衆は、スライドの左や右ではなく中央を見る。つまり、聴衆の目が行くのはスライド中央である。

　聴衆が中央を見るのならば、スライド上の情報をできるだけ中央に置くべきである。つまり、中央配置にするべきである。

例 6.18　中央配置のスライド

> なぜ、日本代表は強いのか
> **寿司のおかげ**
> ◇ たくさん食べた年ほど勝利数が多かった
> ◇ 食べるのを止める
> 　　：俊敏性が落ち弱くなった
> ◇ 他国が食べる
> 　　：俊敏性が上がり強くなった

これならば、聴衆の視線が自然と向かう位置に情報が配置されている。

　これを左寄せの配置にしてみよう。

例 6.18 の改悪例：左寄せ配置のスライド

> **なぜ、日本代表は強いのか**
> 寿司のおかげ
> ◇ たくさん食べた年ほど勝利数が多かった
> ◇ 食べるのを止める
> 　　：俊敏性が落ち弱くなった
> ◇ 他国が食べる
> 　　：俊敏性が上がり強くなった

口頭発表でよく見かけるパターンである。でもなぜ、わざわざ左に寄せるのか。聴衆の目は中央に行くというのに。察するに、左端（文頭）が揃っていると読みやすいという思いがあるのであろう。しかし、左を揃えることと左に寄せることは別の行為である。たとえば例 6.18 の良い例の各種情報（「◇ 食べた年ほど勝利数が多かった」以下の部分）部分は、左を揃えつつ中央配置にしている。左が揃っているので読みやすいであろう。

　左を揃えるべきところは揃えつつ中央配置にするようにしよう。

2.6　序論の最後で研究目的を明示する

　序論の終わりに、「本研究の目的」「研究目的」といった見出しのスライドを出し、取り組む問題とその解決のために行うことを明示しよう。序論の5つの骨子（第5部**要点5.3**；p.149）のうちの「どういう問題に取り組むのか」と「何をやるのか」を示すのである。

例6.19　研究目的を示すスライド

> **本研究の目的**
>
> なぜ、日本代表は強いのか？
>
> 寿司を食べているから
> という仮説を検証

　例6.19では、「なぜ、日本代表は強いのか？」が取り組む問題であり、「寿司を食べているからという仮説の検証」が問題解決のために行うことである。研究目的は必ず、「何らかの問題に取り組むために、何らかのことを行う」という形になっている。あなたの研究目的を序論の締めで明確に示そう。

　研究目的は、独立した1枚のスライドで示す。序論の他の部分と一緒にしたスライドにしてはいけない。独立したスライドで、研究目的を印象強く訴えるのだ。

2.7 発表の締めにまとめを出す

　発表の最後はまとめで締める。**結論と、それを支える根拠（重要な結果）をまとめたものを示すのだ**。その問題に取り組んだ理由への応え（第5部6.2.3項参照；p.186）を示す場合は、それもまとめの中に含める。

例6.20　まとめのスライド

2枚のスライドからなる

結論
日本代表が強いのは寿司を食べているから

◇ たくさん食べた年ほど勝利数が多かった
◇ 食べるのを止める
　　：俊敏性が落ち弱くなった
◇ 他国が食べる
　　：俊敏性が上がり強くなった

継続的強化のために

◇ 合宿先・遠征先でも食べられるようにする
◇ 海外での新鮮なネタの確保

　例6.20の1枚目のスライドでは、「日本代表が強いのは寿司を食べているから」が結論で、その下の3項目が根拠となる結果のまとめである。2枚目のスライドは結論を受けてのこと（その問題に取り組んだ理由への応え）だ。こうした締めのスライドがあると、あなたの言いたいことを聴衆は理解しやすくなる。スライドの見出しは「結論」でも「まとめ」でもよい。

　根拠となる結果のまとめも必ず示すようにしよう。

例6.20の改悪例：結果のまとめがない

> **まとめ**
> 日本代表が強いのは寿司を食べているから
>
> **継続的強化のために**
> ◇ 合宿先・遠征先でも食べられるようにする
> ◇ 海外での新鮮なネタの確保

結論だけを示し、それを導く根拠をまとめたものがないスライドは不親切である。
聴衆は、「どうしてこの結論が出るのだっけ？」と思ってしまうであろう。

第 *3* 章

ポスターの作り方

本章では、ポスターの作り方を解説する。良いポスターにするためにはどうしたらよいのか。日本代表に関する研究のポスター（折り込みポスター）を例に解説していこう。

3.1 ポスターを作る前に

本節では、ポスターを作る前に知っておいてほしいことを述べる。ポスターの大きさと視野の関係。聴衆は、どういう姿勢でポスターに臨むのか。わかりやすいポスターとはどういうものなのか。これらを知っておくことが、良いポスターを作るための出発点である。

3.1.1 ポスターの大きさと視野の関係

ポスターは大きい（横 80〜100 cm × 縦 120〜170 cm 程度；発表会によって違う）。それを聴衆は、1 m 前後の距離から読む（さらっと見るときではなく、じっくり読むときの距離）。その大きさに比して近い距離から読むため、**ポスター全体を同時に視野に捉えることができない**。ポスターのある部分を見ているとき、視野から外れてしまっている部分があるということだ。たとえば、A 0 のポスター（84.1 × 118.9 cm）を 1 m の距離から見ることは、A 4 の紙（21.0 × 29.7 cm）を 25 cm の距離から見ることに相当する。視野がかなり限定され、全体を眺めることができないであろう（お試しあれ）。

だからあなたは、聴衆の視野に配慮したポスターを作る必要がある。**視線を大きく動かさなくても読めるようにする**のだ。

試作したポスターの出来を吟味するときには、A 4 に縮小印刷したものを40〜

要点6.3　ポスターの作り方

ポスターに求められること
  ① すっきりしている
  ② 拾い読みしやすい

すっきりしていて、拾い読みしやすいポスターにするコツ
（**要点4.1**（p.138），**要点6.1**（p.228）に加えて心がけるべきこと）
  ① 5〜10分で説明できる内容に絞る
  ② まとめ（結論を含む）を示し、それを、ポスターの右上に配置する
  ③ 2段組にする
  ④ 情報の領域を明確にする
  ⑤ 読む順番がわかるようにする
  ⑥ 番号等を使って情報間の対応をつける
  ⑦ 情報を省略しない

要点6.4　オンライン発表でのポスター
（下記以外は**要点6.3**と同じようにする）

1枚のポスターを提示する場合
  ① 横長（横幅：縦幅＝16:9など）のポスターにする
  ② まとめ（結論を含む）を示し、それを、序論の下か右横に配置する
  ③ 2段組以上にする

複数枚に分割して提示する場合
  ① 横長（横幅：縦幅＝16:9など）のものを順次提示する
  ②「タイトル・発表者名・序論・まとめ」「研究方法の説明」「結果の
    説明」「考察」の順に示す
  ③ 各ページを2段組以上にする

---

50 cm の距離から眺めたりしてはいけない。それでは、ポスター全体が楽に視野に入ってしまい、ポスターを読む聴衆の視線の動きを実感できない。A4に縮刷したならば25 cm くらい離して見る。それが辛いならば、A3に縮刷して35 cm くらい離して見るようにしよう。

3.1.2　聴衆の基本的な姿勢

　では聴衆は、どういう姿勢でポスターに臨むのか。ほとんどの聴衆は、**概要を
つかんだ**上で、**興味を抱いたら**、説明を聴いたりじっくりと読んだりする。聴衆
がまず知りたいのは概要なのだ。そして、興味深いかどうかを判断する。あなた
は、聴衆のこうした姿勢に応えたポスターを作る必要がある。

3.1.3　わかりやすいポスターとは

　聴衆の姿勢に応えるためには以下の2つを守ることである。

　まずもって、聴衆が読む気になってくれることが大切である。そのためには、
すっきりしていることが絶対条件だ。ポスターの場合、全情報がそこに一挙に示
されている。スライドで少しずつ示される口頭発表とは対照的である。そのため
ポスターは、ただでさえ情報過多に見えやすいのだ。文章が長々と続いているポ
スターなど論外である。図表がごちゃごちゃとたくさん載っているポスターも駄
目。情報を減らし、見た目もすっきりしたポスターにすることを心がけよう。
すっきりしていることはスライドでももちろん大切なのだが、ポスターではもっ
と過敏になってほしい。

　もう1つ大切なのは**拾い読みしやすい**ことである。なぜならば聴衆は、拾い読
みして概要をつかもうとするからである。拾い読みしにくいと、概要をつかむと
いうことさえせずに立ち去ってしまう可能性がある。

3.2　すっきりしていて、拾い読みしやすいポスターにするコツ

　ではどうすれば、すっきりしたポスター、拾い読みしやすいポスターにするこ
とができるのか。そのためにはまず、第1章（p.228）で説明したことを心がけ
ることだ。しかしそれだけでは不十分である。ポスター特有のコツというものが
ある（**要点6.3**：p.266）。以下で解説していこう。

3.2.1　5〜10分で説明できる内容に絞る

　すっきりしたポスターにするためには、内容を絞ることがまずは大切である。説明時間が決まっている場合は、その時間で説明できる内容に絞ろう。そうでない場合も、だいたい5〜10分くらいで説明できる内容にしよう。この5〜10分というのは、あなた自身による説明の時間のことで、聴衆との質疑応答の時間は含まない。

3.2.2　まとめ（結論を含む）を示し、それを、ポスターの右上に配置する

　ポスターでも必ずまとめを示そう。**結論と、それを支える根拠（重要な結果）がすぐにわかるようにまとめておく**のである。そうすれば聴衆は、その発表の重要な主張をすぐにつかむことができる。

　まとめは、**ポスターの右上、すなわち序論の右横に配置する**（**折り込みポスター**参照）。話の流れのままだと一番下にくるはずのものを、あえて上部に配置する。そうする理由は、聴衆が一番知りたいのはまとめ（結論を含む）だからである。上部ならば聴衆の目に入りやすい。聴衆は、タイトル（ポスターの一番上に書いてある）を見ながらポスター会場を歩き、興味を惹くポスターを探すからだ。それに、ポスターの周りに人がいると、ポスターの中ほどや下の部分は身体の陰に隠れてしまいやすい。だから、まとめを一番下に配置してしまっては（**改悪例1**）、大切な情報が見えにくくなってしまう。

　まとめを、序論と並べて上部に書くことには、それらが**要旨の役割を果たす**という利点もある。序論とまとめを読めば、研究目的・背景・主要な結果・結論がわかるからである。聴衆は、タイトルから視線を下に移すだけで、ポスターの概要をつかむことができる。拾い読みがとても楽になる。

　まとめの部分は、**枠線の色を変えたりするなどして目立たせよう**（**折り込みポスター**参照）。そうすれば、聴衆の目がより行きやすくなる。ポスター左下（**折り込みポスター**では「3.寿司を食べるかどうかが俊敏性に与える影響」）を読んだ聴衆が、本文の続きを読もうとポスター右上を見たとき、「まとめ」を本文の続きと思ってしまう可能性が減るという利点もある。**改悪例2**だと、まとめが目立たず他の部分に埋没してしまうであろう。

なぜ、日本代表は強いのか：勝利を呼ぶ寿司仮説の検証

仙宮高校　仙台 萩・山形 紅　　指導教員　酒井 聡樹

e-mail xxxx@yyy.zz

序論

目的

なぜ、日本代表は強いのか？
寿司を食べているからという仮説を検証

背景

◇ 日本代表は強い。俊敏性の高さが特徴
◇ 強さの秘密がわかれば、継続的強化に適用できる
◇ 寿司のおかげで敏捷性向上？
　├ 寿司は良質なタンパク質
　└ 選手はよく食べている

研究対象と方法

日本代表

◇ ワールドカップに7大会連続出場中
◇ ワールドカップの16強に4回進出
◇ メキシコ五輪銅メダル

1. 寿司を食べた回数と勝利数の関係

┌─────────────────────┐
│ 1年間に寿司を　　　　　　　　　　 │
│ 食べた回数(1人あたり)　◄─► その年の勝利数 │
└─────────────────────┘

◇ 2016年-2024年のデータを解析
◇ 各年から、対戦相手の実力が揃うように
　機械的に10試合ずつを抽出
◇ 一般化線形モデルで検定

2. 寿司を食べるかどうかが勝利数に与える影響

勝利数を比較

┌────────────────────────┐
│ 日本代表が寿司を絶つ　　　　　　　　　　 │
│ 絶つ直前の10試合 ◄─► 絶ってからの10試合 │
│　　　　　　　　　　　　　　　　　　　　　 │
│ スイス代表・パラグアイ代表が寿司を食べる │
│ 食べる直前の10試合 ◄─► 食べてからの10試合 │
└────────────────────────┘

◇ 2024年に実施
◇ 操作実験を始めて2週間が経過して以降の試合が対象
◇ 実験の前後で、対戦相手の実力を揃えた
◇ 一般化線形モデルで検定

3. 寿司を食べるかどうかが俊敏性に与える影響

試合後に、反復横跳びを測定

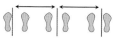

◇ 3本の線を、30秒間で跨いだ回数を記録
◇ 一般化線形モデルで検定

結果

1. 寿司を食べた回数と勝利数の関係

たくさん寿司を食べた年ほど勝利数が多い

選手1人あたりが1年間に寿司を
食べた回数(平均±標準偏差)

2. 寿司を食べるかどうかが勝利数に与える影響

寿司を絶ったら　　　寿司を食べたら
弱くなった　　　　　強くなった

3. 寿司を食べるかどうかが俊敏性に与える影響

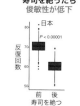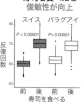

寿司を絶ったら　　　寿司を食べたら
俊敏性が低下　　　　俊敏性が向上

まとめ

結論

日本代表が強いのは寿司を食べているから

◇ たくさん食べた年ほど勝利数が多かった(1)
◇ 食べるのを止める：俊敏性が落ち(3)弱くなった(2)
◇ 他国が食べる：俊敏性が上がり(3)強くなった(2)

継続的強化のために

◇ 合宿先・遠征先でも食べられるようにする
◇ 海外での新鮮なネタの確保

┌─────────────────────────────┐
│ 折り込みポスターの改悪例1：まとめが下にある │
└─────────────────────────────┘

なぜ、日本代表は強いのか：勝利を呼ぶ寿司仮説の検証

仙宮高校　仙台 萩・山形 紅　指導教員　酒井 聡樹

e-mail xxxx@yyy.zz

序論

目的
なぜ、日本代表は強いのか？
寿司を食べているからという仮説を検証

背景
◇ 日本代表は強い。俊敏性の高さが特徴
◇ 強さの秘密がわかれば、継続的強化に適用できる
◇ 寿司のおかげで敏捷性向上？
　　　寿司は良質なタンパク質
　　　選手はよく食べている

研究対象と方法

日本代表
◇ ワールドカップに7大会連続出場中
◇ ワールドカップの16強に4回進出
◇ メキシコ五輪銅メダル

1. 寿司を食べた回数と勝利数の関係

1年間に寿司を
食べた回数(1人あたり)　←→　その年の勝利数

◇ 2016年-2024年のデータを解析
◇ 各年から、対戦相手の実力が揃うように
　機械的に10試合ずつを抽出
◇ 一般化線形モデルで検定

2. 寿司を食べるかどうかが勝利数に与える影響
勝利数を比較

日本代表が寿司を絶つ
絶つ直前の10試合　←→　絶ってからの10試合

スイス代表・パラグアイ代表が寿司を食べる
食べる直前の10試合　←→　食べてからの10試合

◇ 2024年に実施
◇ 操作実験を始めて2週間が経過して以降の試合が対象
◇ 実験の前後で、対戦相手の実力を揃えた
◇ 一般化線形モデルで検定

3. 寿司を食べるかどうかが俊敏性に与える影響
試合後に、反復横跳びを測定

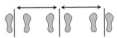

◇ 3本の線を、30秒間で跨いだ回数を記録
◇ 一般化線形モデルで検定

まとめ

結論

日本代表が強いのは寿司を食べているから

◇ たくさん食べた年ほど勝利数が多かった(1)
◇ 食べるのを止める：俊敏性が落ち(3)弱くなった(2)
◇ 他国が食べる：俊敏性が上がり(3)強くなった(2)

継続的強化のために
◇ 合宿先・遠征先でも食べられるようにする
◇ 海外での新鮮なネタの確保

結果

1. 寿司を食べた回数と勝利数の関係
たくさん寿司を食べた年ほど勝利数が多い

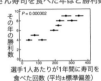

選手1人あたりが1年間に寿司を
食べた回数 (平均±標準偏差)

2. 寿司を食べるかどうかが勝利数に与える影響

寿司を絶ったら
弱くなった

寿司を食べたら
強くなった

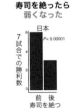
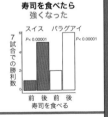

3. 寿司を食べるかどうかが俊敏性に与える影響

寿司を絶ったら
俊敏性が低下

寿司を食べたら
俊敏性が向上

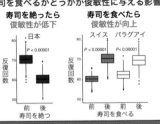

折り込みポスターの改悪例2：まとめの枠の色が他の部分と同じ

3.2.3　2段組にする

　ポスターが縦長の場合は2段組で作るようにしよう（**折り込みポスター**のように）。横長の場合は3段組・4段組にする。これは、聴衆の視線の大きな移動を極力減らすためである（**図6.4**）。

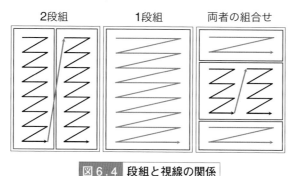

2段組　　　　1段組　　　　両者の組合せ

図6.4　**段組と視線の関係**

オレンジ線が、視線の大きな移動を強いられる部分。2段組ならば、大きな視線移動は一度ですむ。

　2段組ならば、大きな視線移動は一度だけですむのだ。1段組だと、視線の大きな移動を何度も強いられることになる。

　たとえば、**折り込みポスター**を一段組にしてみる（**改悪例3**）。

　この図を、顔をぐっと近づけて（B6弱の大きさなので10 cmほどの距離で）見てみよう。左から右へ、左へ戻ってまた右へと、視線を何度も大きく動かすことになって疲れるであろう。右端に行ったら、左端のどこに戻るのかもわかりづらい。

　2段組と1段組を組み合わせたような構成も駄目である。これとて、1段組の部分では大きな視線移動を強いられるからだ。

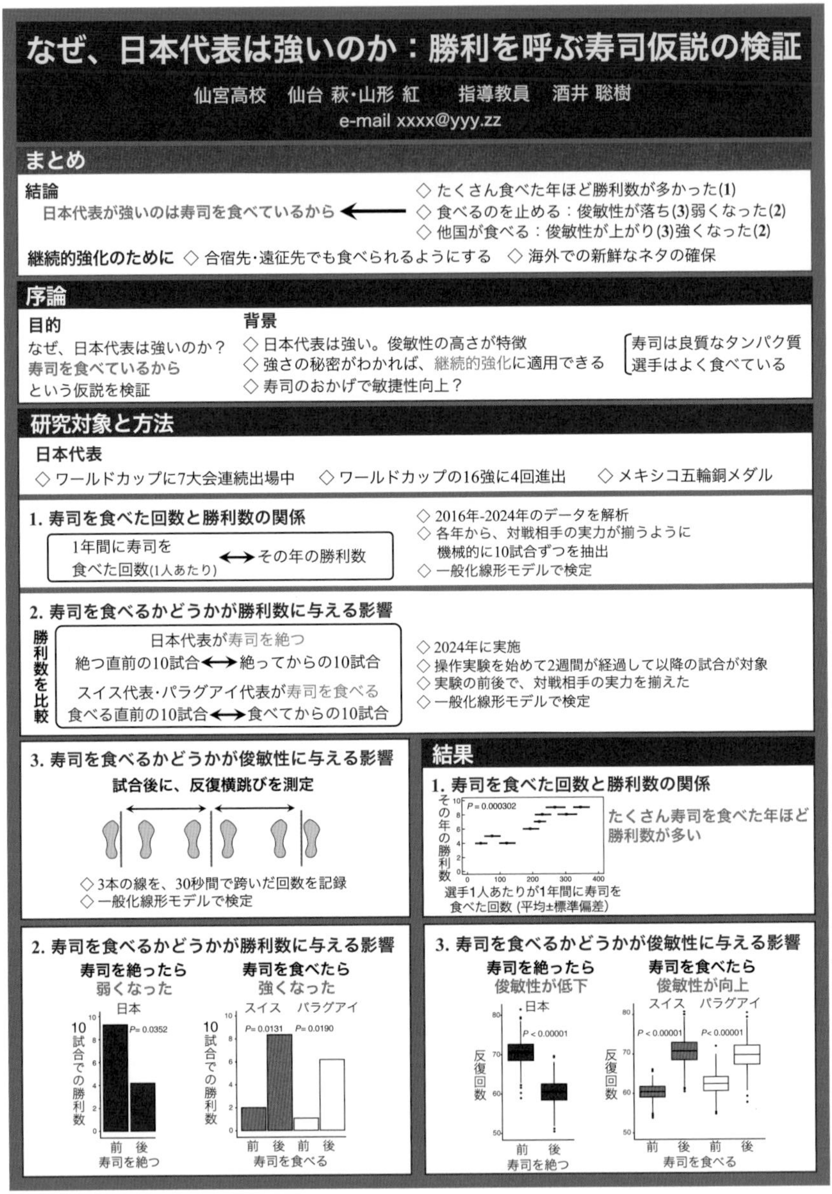

折り込みポスターの改悪例3：1段組になっている

3.2.4　情報の領域を明確にする

どこからどこまでがその情報の領域なのかを明確にしよう。**折り込みポスター**では、枠で囲って、各情報の領域を示している。こうすることで聴衆は、どの部分がその見出し下の情報なのか迷わずにすむ。

この囲みがない（**改悪例4**）と途端にわかりにくくなる。

たとえば、「背景」（左上）の下に並んだ「◇」で始まる3つの文と、「まとめ」（右上）に並んだ「◇」で始まる5つの文を、ひとまとまりの情報と捉えかねない。「研究対象と方法」と「結果」の部分も、左の部分（「研究対象と方法」）と右の部分（「結果」）を視線が行ったり来たりしかねない。情報のまとまりごとに囲みさえすれば、こうした混乱はなくなる。

3.2.5　読む順番がわかるようにする

ポスターを見れば読む順番がわかるようにしておこう。あなたがポスターのところにいないときにも聴衆はやってくるのだ。**折り込みポスター**のように単純な構成の場合は、読む順番を迷うことはないであろう。しかし、情報の領域の数がもっと多い場合には迷う可能性がある。そうしたポスターでは、「1. 序論」「2. 研究対象」「3. アンケート方法」「4. 心理実験の方法」「5. 文献からのデータ収集の方法」などと通し番号を振るなどして、読む順番を指示してあげよう。

3.2.6　番号等を使って情報間の対応をつける

拾い読みを効率良く行ってもらうためには、**対応する情報を素早く見つけ出せるようにしておくことである**。だから、番号等を使って情報間の対応をつけよう。**折り込みポスター**では、1〜3の番号を使って対応する情報を示している。これにより、結論を支える根拠（まとめの中の「◇ たくさん食べた年ほど勝利数が多かった」で始まる部分）を読んでいる聴衆が、対応する調査・実験方法とその結果を参照しやすくなる。

これが**改悪例5**のようだと、対応する情報を見つけるのが大変である。まとめにある根拠（「◇ 食べた年ほど勝利数が多かった」など）を読んでも、それに対応する調査・実験方法やその結果がどれなのかがわかりにくい。聴衆はかなりいらいらするであろう。

なぜ、日本代表は強いのか：勝利を呼ぶ寿司仮説の検証

仙宮高校　仙台 萩・山形 紅　　指導教員　酒井 聡樹

e-mail xxxx@yyy.zz

序論

目的
なぜ、日本代表は強いのか？
寿司を食べているからという仮説を検証

背景
◇ 日本代表は強い。俊敏性の高さが特徴
◇ 強さの秘密がわかれば、継続的強化に適用できる
◇ 寿司のおかげで敏捷性向上！
　　　寿司は良質なタンパク質
　　　選手はよく食べている

研究対象と方法

日本代表
◇ ワールドカップに7大会連続出場中
◇ ワールドカップの16強に4回進出
◇ メキシコ五輪銅メダル

1. 寿司を食べた回数と勝利数の関係

1年間に寿司を
食べた回数(1人あたり) ◀━━▶ その年の勝利数

◇ 2016年-2024年のデータを解析
◇ 各年から、対戦相手の実力が揃うように
　 機械的に10試合ずつを抽出
◇ 一般化線形モデルで検定

2. 寿司を食べるかどうかが勝利数に与える影響

勝利数を比較

日本代表が寿司を絶つ
絶つ直前の10試合 ◀━━▶ 絶ってからの10試合

スイス代表・パラグアイ代表が寿司を食べる
食べる直前の10試合 ◀━━▶ 食べてからの10試合

◇ 2024年に実施
◇ 操作実験を始めて2週間が経過して以降の試合が対象
◇ 実験の前後で、対戦相手の実力を揃えた
◇ 一般化線形モデルで検定

3. 寿司を食べるかどうかが俊敏性に与える影響

試合後に、反復横跳びを測定

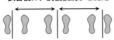

◇ 3本の線を、30秒間で跨いだ回数を記録
◇ 一般化線形モデルで検定

まとめ

結論
日本代表が強いのは寿司を食べているから

↑

◇ たくさん食べた年ほど勝利数が多かった(1)
◇ 食べるのを止める：俊敏性が落ち(3)弱くなった(2)
◇ 他国が食べる：俊敏性が上がり(3)強くなった(2)

継続的強化のために
◇ 合宿先・遠征先でも食べられるようにする
◇ 海外での新鮮なネタの確保

結果

1. 寿司を食べた回数と勝利数の関係

たくさん寿司を食べた年ほど勝利数が多い

選手1人あたりが1年間に寿司を
食べた回数（平均±標準偏差）

2. 寿司を食べるかどうかが勝利数に与える影響

寿司を絶ったら
弱くなった

寿司を食べたら
強くなった

3. 寿司を食べるかどうかが俊敏性に与える影響

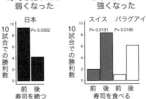

寿司を絶ったら
俊敏性が低下

寿司を食べたら
俊敏性が向上

折り込みポスターの改悪例4：情報の領域を示す枠がない

なぜ、日本代表は強いのか：勝利を呼ぶ寿司仮説の検証

仙宮高校　仙台 萩・山形 紅　指導教員　酒井 聡樹

e-mail xxxx@yyy.zz

序論

目的

なぜ、日本代表は強いのか？
寿司を食べているからという仮説を検証

背景

◇ 日本代表は強い。俊敏性の高さが特徴
◇ 強さの秘密がわかれば、継続的強化に適用できる
◇ 寿司のおかげで敏捷性向上
　　寿司は良質なタンパク質
　　選手はよく食べている

研究対象と方法

日本代表

◇ ワールドカップに7大会連続出場中
◇ ワールドカップの16強に4回進出
◇ メキシコ五輪銅メダル

寿司を食べた回数と勝利数の関係

1年間に寿司を
食べた回数(1人あたり) ◀▶ その年の勝利数

◇ 2016年-2024年のデータを解析
◇ 各年から、対戦相手の実力が揃うように
　　機械的に10試合ずつを抽出
◇ 一般化線形モデルで検定

寿司を食べるかどうかが勝利数に与える影響

勝利数を比較

日本代表が寿司を絶つ
絶つ直前の10試合 ◀▶ 絶ってからの10試合

スイス代表・パラグアイ代表が寿司を食べる
食べる直前の10試合 ◀▶ 食べてからの10試合

◇ 2024年に実施
◇ 操作実験を始めて2週間が経過して以降の試合が対象
◇ 実験の前後で、対戦相手の実力を揃えた
◇ 一般化線形モデルで検定

寿司を食べるかどうかが俊敏性に与える影響

試合後に、反復横跳びを測定

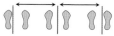

◇ 3本の線を、30秒間に跨いだ回数を記録
◇ 一般化線形モデルで検定

まとめ

結論

日本代表が強いのは寿司を食べているから
↑
◇ たくさん食べた年ほど勝利数が多かった
◇ 食べるのを止める：俊敏性が落ち弱くなった
◇ 他国が食べる：俊敏性が上がり強くなった

継続的強化のために

◇ 合宿先・遠征先でも食べられるようにする
◇ 海外での新鮮なネタの確保

結果

寿司を食べた回数と勝利数の関係

たくさん寿司を食べた年ほど勝利数が多い

$P=0.000302$

その年の勝利数

選手1人あたりが1年間に寿司を
食べた回数 (平均±標準偏差)

寿司を食べるかどうかが勝利数に与える影響

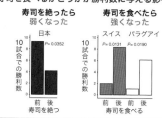

寿司を絶ったら
弱くなった
日本　$P=0.0352$

寿司を食べたら
強くなった
スイス　$P=0.0131$　パラグアイ　$P=0.0190$

10試合での勝利数

前　後
寿司を絶つ

前　後　前　後
寿司を食べる

寿司を食べるかどうかが俊敏性に与える影響

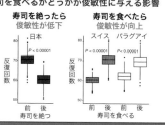

寿司を絶ったら
俊敏性が低下
日本　$P<0.00001$

寿司を食べたら
俊敏性が向上
スイス　$P<0.00001$　パラグアイ　$P<0.00001$

反復回数

前　後
寿司を絶つ

前　後　前　後
寿司を食べる

折り込みポスターの改悪例5：情報間の対応を示す番号がない

3.2.7　情報を省略しない

　同じ情報がいくつかの部分に出てくることがある。たとえば、調査・実験のタイトル「2. 寿司を食べるかどうかが勝利数に与える影響」は、「研究対象と方法」と「結果」の両方に出てくる。こうした場合、一度説明したことだからと、以降の部分では情報を省略したくなる。たとえば、「2. 勝利数に与える影響」などのようにだ（**改悪例6**）。

　しかしポスターでは、情報を省略してはいけない。なぜならば、**全聴衆が同じ順番でポスターを読むとは限らないからだ**。「まとめ」「序論」「結果」「研究対象と方法」とまとめから遡って読む聴衆もいれば、「序論」「研究対象と方法」「結果と考察」「まとめ」という普通の順番で読む聴衆もいる。つまり、どの部分を最初に読むのかわからない。ならば当然、情報を省略してはいけない。「2. 勝利数に与える影響」と書いてある部分を最初に読んだ聴衆は、「何が勝利数に影響するのか？」と、その意味を読み取るのに困ってしまう。少々くどく感じることがあっても、どの部分においても情報を丁寧に書いておくようにしよう。

3.3　オンライン発表でのポスター

　会場でではなく、オンラインでポスター発表をすることもある。パソコンやタブレットの画面にポスターを映して説明するのである。会場でのポスター同様に1枚のポスターを提示する場合と、複数枚に分割して提示可能な場合がある。本節では、それぞれの場合のポスターの作り方（**要点6.4**：p.266）を説明する。以下で説明すること以外は会場でのポスター発表と同じなので、**要点6.3**（p.266）および3.2節（p.267）も参照してほしい。

3.3.1　1枚のポスターを提示する場合

　パソコンの画面は横長なのでポスターも横長にしよう（例6.21）。横幅：縦幅＝16：9などにするとよい。そうすれば聴衆は、画面いっぱいに大きなポスターを見ることができる。

なぜ、日本代表は強いのか：勝利を呼ぶ寿司仮説の検証

仙宮高校　仙台 萩・山形 紅　　指導教員　酒井 聡樹
e-mail xxxx@yyy.zz

序論

目的

なぜ、日本代表は強いのか？
寿司を食べているからという仮説を検証

背景

◇ 日本代表は強い。俊敏性の高さが特徴
◇ 強さの秘密がわかれば、継続的強化に適用できる
◇ 寿司のおかげで敏捷性向上？
　　　　　寿司は良質なタンパク質
　　　　　選手はよく食べている

研究対象と方法

日本代表

◇ ワールドカップに7大会連続出場中
◇ ワールドカップの16強に4回進出
◇ メキシコ五輪銅メダル

1. 寿司を食べた回数と勝利数の関係

1年間に寿司を
食べた回数(1人あたり) ◀━━▶ その年の勝利数

◇ 2016年-2024年のデータを解析
◇ 各年から、対戦相手の実力が揃うように
　機械的に10試合ずつを抽出
◇ 一般化線形モデルで検定

2. 寿司を食べるかどうかが勝利数に与える影響

勝利数を比較

日本代表が寿司を絶つ
絶つ直前の10試合 ◀━━▶ 絶ってからの10試合

スイス代表・パラグアイ代表が寿司を食べる
食べる直前の10試合 ◀━━▶ 食べてからの10試合

◇ 2024年に実施
◇ 操作実験を始めて2週間が経過して以降の試合が対象
◇ 実験の前後で、対戦相手の実力を揃えた
◇ 一般化線形モデルで検定

3. 寿司を食べるかどうかが俊敏性に与える影響

試合後に、反復横跳びを測定

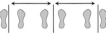

◇ 3本の線を、30秒間で跨いだ回数を記録
◇ 一般化線形モデルで検定

まとめ

結論

日本代表が強いのは寿司を食べているから

◇ たくさん食べた年ほど勝利数が多かった(1)
◇ 食べるのを止める：俊敏性が落ち(3)弱くなった(2)
◇ 他国が食べる：俊敏性が上がり(3)強くなった(2)

継続的強化のために

◇ 合宿先・遠征先でも食べられるようにする
◇ 海外での新鮮なネタの確保

結果

1. 食べた回数と勝利数の関係

たくさん寿司を食べた年ほど勝利数が多い

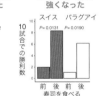

$P = 0.000302$

その年の勝利数

選手1人あたりが1年間に寿司を
食べた回数 (平均±標準偏差)

2. 勝利数に与える影響

寿司を絶ったら
弱くなった

日本　$P = 0.0352$

10試合での勝利数

前　後
寿司を絶つ

寿司を食べたら
強くなった

スイス　パラグアイ
$P = 0.0131$　$P = 0.0190$

10試合での勝利数

前　後　前　後
寿司を食べる

3. 俊敏性に与える影響

寿司を絶ったら
俊敏性が低下

日本　$P < 0.00001$

反復回数

前　後
寿司を絶つ

寿司を食べたら
俊敏性が向上

スイス　パラグアイ
$P < 0.00001$　$P < 0.00001$

反復回数

前　後　前　後
寿司を食べる

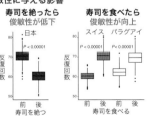

折り込みポスターの改悪例 6 ：結果の説明部分で情報を省略している

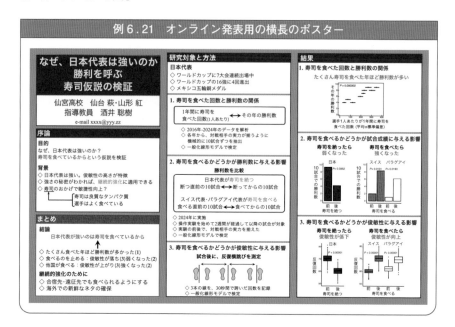

例6.21　オンライン発表用の横長のポスター

　まとめは、序論の下か右隣に配置する。序論とまとめを一緒に読みやすくし、要旨としての役割を持たせるためである（3.2.2項参照；p.268）。

　段組は2段以上にしよう。横長なので、3〜4段あってもよい。

3.3.2　複数枚に分割して提示する場合

　複数枚に分割して提示する場合も、横長（横幅：縦幅＝16:9など）のものを順次提示する。提示の仕方の原則は、「タイトル・発表者名・序論・まとめ」「研究対象や研究方法の説明」「結果の説明」「考察」の順に示すことである。何枚に分けるのか、どの部分ごとにまとめて示すのかは、あなたがやりやすいようにしてよい。ただし1枚目では、「タイトル・発表者名・序論・まとめ」を示すようにしよう。これが1枚目にあれば、聴衆は、ポスターの概要を知ることができる。これだけで1枚としてもよいし、「研究方法の説明」と一緒に提示してもよい。各ページを2段以上に組むことも忘れないようにしよう。

第 4 章

口頭発表とポスター発表の仕方

本章では、口頭発表とポスター発表の仕方を説明する。

要点6.5 口頭発表とポスター発表の仕方

① 発表練習をする
② 発表時間を守る
③ 原稿を読み上げず、聴衆を見て話す
④ 全員に届く声で話す
⑤ 適度に間を取りながら話す
⑥ 過度に抑揚をつけた話し方をしない
⑦ スライド・ポスターにないことを話さない
⑧ ポインタ・指示棒を使って説明する
⑨ 図表の読み取り方を説明してから、データの意味することを述べる
⑩ スライド・ポスターの印刷資料を用意する

要点6.6 ポスター発表において心がけること

① 勝手に説明を始めない
② 全員に向かって言葉を発する
③ 聴衆の反応を見ながら説明する
④ まとめ（結論を含む）は最後に説明する

4.1　発表練習をする

スライド・ポスターができたら、先生や同級生に聴衆になってもらって発表練習をしよう。その目的は以下のとおりである。

・他者の意見を仰ぐため
・淀みなく説明できるようになるため
・発表時間を確認するため

練習では、聴衆をおくことを勧める。聴いてくれる相手がいる方が、本番の緊張感も味わえるし、語りかける練習にもなるからである。

以下で、練習目的それぞれについて説明する。

4.1.1　他者の意見を仰ぐため

先生や同級生の前で発表練習をし、わかりにくい点はないか、どうすれば改善できるかといったことを指摘してもらおう。これは絶対に必要である。あなた自身では気づかなかった問題点があるはずなのだ。他者の目を通すと、発表は驚くほど改善されるものである。

4.1.2　淀みなく説明できるようになるため

言うまでもなく、練習をしないと淀みなく説明できるようにならない。だから、何度も練習をする必要がある。話す練習なのだから、ちゃんと声に出してやるように。口をもごもごさせるだけでは駄目である。

説明をしてみると、言葉が滞ってしまう部分も見つかるであろう。その場合は、説明の仕方を工夫する必要があるかもしれない。説明の順番を変えてみたりして、滞りなく話せるようにしよう。

発表練習をすると、スライド・ポスターの問題点を見つけることもできる。言葉が滞ってしまう部分は、スライド・ポスターの方に問題があるのかもしれないのだ。どうにもうまく説明できない部分は、スライド・ポスターを作り直してみることである。

4.1.3 説明時間を確認するため

説明にどれくらい時間がかかるのか確認する必要もある。本番さながらの練習をして、説明にかかる時間を測ろう。練習を重ねて説明が滑らかになると、説明にかかる時間も短くなることに留意してほしい。

4.2 発表時間を守る

口頭発表では、あなたが説明する時間が厳しく決められている。ポスター発表でも、1回の説明時間が決められていることがある。説明時間を必ず守ろう。そうでないと、いろいろな人に迷惑をかけることになる。たとえば、質疑応答の時間に説明が割り込んでしまったら、質疑応答の時間が削られることになる。これは、聴衆にとって迷惑なことだし、あなたにとっても損なことだ（意見・質問を聞く機会を失うから）。質疑応答の終了時間がずれ込むとなると、以降の進行に遅れを生じさせることになってしまう。こうした迷惑をかけないために、発表練習を積んで、時間内に説明を終えられるようにしておこう。

1回の説明時間が決められていないポスター発表の場合も、5〜10分くらいで1回の説明を終えるようにしよう（3.2.1項参照；p.268）。

4.3 原稿を読み上げず、聴衆を見て話す

口頭発表にせよポスター発表にせよ、**聴衆を見て話すことがプレゼンの基本中の基本**である。あなたは、自分の研究成果を聴衆に伝えたいのだ。ならば当然、伝えたい相手に向かって話す。むろん、スライド・ポスターにも目をやる必要はある。ポインタや指示棒で指し示したりする場合などだ。その後はすぐに聴衆の方に視線を戻そう。聴衆に向かって語りかければ、聴衆も自ずとあなたを見てくれる。それだけ、あなたの話に引き込むことができる。

聴衆を見ずに原稿をひたすら読み上げる発表者がいる。こうした発表は論外である。聴衆は、自分に向かって話してくれていないと感じ、勝手にやっていろと思ってしまうであろう。原稿を作るのはよい（4.11節参照；p.285）。しかし、練習を重ねて頭に入れておくようにしよう。そして**本番では原稿を見ずに発表すること**。

スライドやポスターを見続けながら話すのも駄目である。伝えたい相手は、スライド・ポスターではなく聴衆なのだ。ならば当然、聴衆に向かって話す。

4.4　全員に届く声で話す

聴衆全員に届く声で話そう。全員とは、口頭発表ならば会場にいる全員、ポスター発表ならばポスターを見ている全員である。せっかくの発表も、声が聞こえないと台無しなのだ。口頭発表の場合は、マイクを使ってもよいし地声でもよい。要は聞こえればよい。**ポスター発表の場合は、意識して大きな声を出すようにしよう**。周りのポスターでも説明等をしていて、ポスター会場はけっこううるさいのだ。負けないように大きな声を出そう。

説明の最中には大きな声で話しているのに、質問に答えるときには声が小さくなる発表者がいる。質問者だけに話してしまうためだ。質疑応答も全員で共有すべきもの。全員に聞こえる声で話すことを忘れてはいけない。

マイクを手に持っているときは、マイクを口元から離した状態で話さないようにしよう。マイクを持った手でパソコンの操作等をするときなどに気をつけてほしい。マイクを離したまま言葉を続けると、その部分だけ聞き取れなくなってしまう。これは、聴衆にとってけっこう不快なことである。

4.5　適度に間を取りながら話す

説明は、聴衆に理解してもらわないと意味がない。だから、**適度に間を取りながら話をして、聴衆が咀嚼する時間を取ろう**。早口は駄目だ。次から次へと言葉が繰り出されると、咀嚼する間もなく話が進んでしまう。そうならないよう、文と文の切れ目や、一つの説明を終えた後などに間を取る。聴衆の表情を見て、理解してくれているかどうかを確かめる。こうした配慮だけで、聴衆の理解はぐっと高まるものである。

一つ一つの言葉を語尾まできちっと発音することも心がけるように。そうすれば、むやみに早口にならずにすむ。

4.6　過度に抑揚をつけた話し方をしない

　話し方は、熱意を込めつつも自然な調子である方がよい。あまりに抑揚をつけたり、あまりに感情を込めたりすると、聴衆は不快に感じるのだ。見下されているような、教え諭されているような気分になってしまう。たとえば、舞台演劇のような話し方とか、テレビショッピングのような話し方をされたと想像してみよ。良い気分にはならないだろう。

　もちろん、ぜひ聴いてほしいという気持ちを込めて話すべきである。あなたが面白いと思っている研究成果を発表するのだから、この気持ちが大切だ。要は、大げさな話し方にならないよう気をつけることである。身近な例では、気象予報士の話し方が良いと思う。

4.7　スライド・ポスターにないことを話さない

　スライド・ポスターにないことを話してはいけない。話すからには、スライド・ポスターに書いておく必要がある（1.11 節参照 ; p.251）。そうでないと聴衆は、大切なことを聞き漏らしてしまうかもしれない。

4.8　ポインタ・指示棒を使って説明する

　口頭発表ではポインタか指示棒、ポスター発表では指示棒を使って説明しよう。そして必ず、**説明する部分を指し示しながら話をする**。どこも指し示さずに説明をしてはいけない。聴衆は、どの部分の説明かわからずいらいらしてしまう。

　ポインタや指示棒でスライド・ポスターを指す場合はぴたっと指すこと。ふらついていると、どこを指しているのかわかりにくいのだ。ポインタ・指示棒を丸く動かしたり左右に動かしたりして、ある部分を強調して指し示すこともある。その場合も、丸や左右に動かして指し示す部分をふらつかせず、一つの部分を指し示すように気をつけよう。

口頭発表の場合

　ポインタや指示棒を手に持って使う場合（PowerPoint などの発表ソフト内蔵

のポインタを使わない場合）、左右どちらの手に持つのかにも原則がある。スクリーンがあなたから見て左側にあるのなら左手に、右側にあるのなら右手に持つ。そうすれば、聴衆の方を向いたままスライドを指し示すことができる。

ポスター発表の場合

　ポスター発表の場合、ポスターの横に立ち、あなたの身体でポスターが一部分たりとも隠れないようにする。その状態で指示棒で指し示せば、ポスターが身体の陰になりにくい。指や鉛筆で指し示そうとすると、腕を伸ばし、かつ、身体をポスターの前に出すことになる。そのため、ポスターの一部が腕と身体で隠れてしまう。その部分を読んでいた聴衆はちょっといらつく。

　右手に指示棒を持つのなら、ポスターが右手側にくる位置に立とう。左手に持つのなら左手側だ。そうすれば、聴衆の方を向いたままポスターを指し示すことができる。

　説明のときはノート等は置いておくこと。ノート等を持った手でポスターを指し示してはいけない。説明している部分が、ノート等に隠れて見えなくなってしまう。

4.9　図表の読み取り方を説明してから、データの意味することを述べる

　図表等を説明する場合は、その読み取り方の説明（軸の説明等）をしてから、データの意味することを説明する。読み取り方の説明をしないと、聴衆が図表を理解できない可能性があるのだ。あなたの目にはどんなに単純な図表に映ったとしても、聴衆にとっては初めて目にする図表である。「横軸は○○、縦軸は△△です」と、丁寧すぎるくらいに説明しておこう。

4.10　スライド・ポスターの印刷資料を用意する

　スライドの印刷資料を用意しておこう。できれば、議論用のもの（そのままの大きさか、適度な大きさに縮小して印刷したもの）と、配布用のもの（縮小して印刷；こちらは複数部を用意）の2種類を作る。議論用のものは、発表時間外に個別に議論するときに使う。いろいろ書き込める方がいいので、あまり小さく印

刷しないようにしよう。配布用の用途は文字どおりである。積極的に配って、あなたの研究を売り込もう。

　同様に、ポスターの縮刷版を作って置いておこう。そして聴衆に、自由にお持ち帰りいただく。そうすれば聴衆は、ポスターの内容をいつでも参照することができる。

4.11　発表用の原稿について

　発表用の原稿を作るべきかどうかについて述べておく。スライド・ポスターを見れば、説明の言葉は出てくるものである。それを原稿に起こすのかどうかが選択肢となる。原稿にすれば、説明する内容を忘れてしまうことはなくなる。されど、原稿に頼ってしまい、原稿なしで説明できなくなる可能性がある。

　一度、原稿なしで説明の練習をしてみよう。それでうまくいきそうだと思ったら、原稿を作る必要はない。何度も練習すると、頭の中に原稿ができあがるものである。ただし、話す内容のメモくらいは作ってもよい。原稿がないと不安に感じたら原稿を作ればよい。その場合も、練習を重ねて、本番では原稿なしで説明するようにしよう。

4.12　ポスター発表において心がけること

　ポスター発表には、ポスターならではの約束事がある。本節では、ポスター発表において心がけることを説明する。

4.12.1　勝手に説明を始めない

　説明の開始時間が決められておらず、訪れた聴衆に随時説明をする形式の発表会の場合である。聴衆がポスターの前に立ち止まったからといって、承諾もなく説明を始めてはいけない。ポスターの前に立った聴衆は、説明を聴くべきかどうか考えているのだ。聴くかどうかの決定権は聴衆にあると心得よう。

　しかし、いつまでもじっとしている必要はない。10秒ほど見てくれたら、「説明いたしましょうか？」と声をかけてみよう。あなたが声をかけてくれるのを待っている聴衆もいるのだ。「お願いします」と言われたら説明を始める。むろ

ん、断られることもある。その場合は、「では、質問はございますでしょうか？」と聞いてみよう。ポスターの要点をつかんでしまったので、説明が不要なのかもしれないのだ。こうした積極的な声がけをして、1人でも多くの聴衆を引き込む努力をする。せっかくポスター発表をするのだから、遠慮するのはもったいない。

4.12.2　全員に向かって言葉を発する

　説明をするときも質問に答えるときも、説明の輪に加わっている全員に向かって言葉を発するようにしよう。全員とは、説明開始時にその場にいた聴衆のことではない。**途中から説明に加わった聴衆も含めて、その場にいる全員のことである**。ポスター発表では、説明の途中から輪に加わる聴衆も多い。そういう聴衆にもしっかりと気遣いをすることが大切である。そうでないと、疎外感を感じて、説明の輪から離れていってしまうかもしれないのだ。

　とくに大切なのが、**全員に等しく視線を送る**ことである。最初からそこにいた聴衆だけを見て説明し、途中から加わった聴衆に視線を送らないのは駄目である。これでは、遅れてきた聴衆を故意に無視しているようなものだ。質問を受けたときには、質問者に視線を送ることになる。しかしこのときも、他の聴衆のことを意識しながら回答するようにしよう。

4.12.3　聴衆の反応を見ながら説明する

　ポスター発表の良さは聴衆と対話できることにある。だから、一方的に説明を続けてはいけない。説明の途中で適宜話を区切って、聴衆の反応を見よう。そして、「ここまでよろしいでしょうか？」と聞いてみる。そうすれば聴衆は、わからなかった点を確認できる。あなたも、どの点がわかりにくかったのかを知ることができ、その後の説明に修正を加えることができる。

4.12.4　まとめ（結論を含む）を最後に説明する

　ポスターの説明では、ポスターの左側を説明したら右側の説明に移る。右側には、一番上にまとめ（結論を含む）が配置されている（3.2.2項参照；p.268）。しかし説明では、その下に書いてあることを先に話す。まとめの説明は最後にするのだ。そうしないと、結果を説明する前に結論を示すなどといった変なことになってしまう。右上にあるからと、まとめを先に説明しないように気をつけよう。

第 *5* 章

質疑応答の仕方

本章では、質疑応答の仕方を説明する。質疑応答はアドリブの世界であり、事前に準備して完璧に備えることはできない。とはいっても、身に付けるべき基本姿勢というものがある。本章ではまず始めに、質問を怖がらずに歓迎してほしいと訴える。次に、質問への対応の仕方を説明する。聴衆としての質問の仕方も説明する。

要点6.7 質問への対応の仕方

---

① 質問の意図を捉える
　　◇ 落ち着いて最後まで聞く
　　◇「○○ということでしょうか？」と確認する
　　◇「もう一度お願いします」と頼む
② 自分を落ち着かせる
③ まず的確に答え、次に、必要に応じて補足説明をする
④ 質問者を見ながら答える
⑤ 他の聴衆にも届く声で答える
⑥ 沈黙しない
⑦ 特定の聴衆と延々とやりとりをしない

要点6.8 聴衆としての質問の仕方

---

① 積極的に質問する
② 批判的な質問もする
③ 質疑応答の時間を独占しない

5.1　質問を歓迎しよう

せっかく頑張って研究発表するのだ。質問を歓迎しよう。「批判されたらどうしよう」「答えられなかったらどうしよう」などと怖がってはいけない。質問が出ることは良いことなのである。その理由は2つある。

- ・興味を抱いてくれたということである。
- ・今後の研究に活かすことができる。

以下で、それぞれについて説明しよう。

5.1.1　興味を抱いてくれたということである

質問が出ないとするならば、それは、あなたの発表を聴衆が理解したからではない。興味を抱かなかったからである。あるいは、それ以前の問題として、ほとんど理解できなかったからである。だから質問も出ない。**質問をするということは、あなたの発表をおおむね理解した上で、興味を抱いてくれたということである**。

5.1.2　今後の研究に活かすことができる

他者の意見が有益であることは説明の必要もないであろう。あなたが見落としていた問題点を指摘してくれるかもしれない。より有効な解析方法を教示してくれるかもしれない。今後の発展につながることを示唆してくれるかもしれない。たくさんの聴衆が集まっているのだ。もらえるだけの意見をもらって帰ろう。

5.2　質問への対応の仕方

本節では、質問への対応の仕方を解説する（**要点6.7**；p.287）。本節でいう「全員」とは、口頭発表ならば会場にいる全員、ポスター発表ならば、質疑応答の輪に加わっている全員のことである。

5.2.1　質問の意図を捉える

　最も大切なことは質問の意図を捉えることである。これができないと始まらない。緊張しているので大変かもしれないが、なんとか頑張ってほしい。意図を捉えるための助言が3つある。

落ち着いて最後まで聞く

　まずは、落ち着いて質問を最後まで聞くことである。やりがちな失敗が、質問の途中の言葉に反応し、勝手に誤解してしまうことなのだ。最後まで聞いた上で（聞きながら）、質問者が何を言いたいのかを真剣に考える。これが基本だ。

「○○ということでしょうか？」と確認する

　意図を正しく捉えたのか不安な場合は、「○○ということでしょうか？」と確認するとよい。質問者が「そうです」と肯定してくれれば、それに続けて返答を始める。あなたが誤解している場合は質問し直してくれるはずである。

「もう一度お願いします」と頼む

　どうにも意図を捉えかねた場合は、「もう一度お願いします」と頼むしかない。「意図は何だろう？」と考え込んで沈黙してはいけないし、誤解に基づいた返答をするのも無意味だ。聞き返された質問者は、言葉を変えて質問し直してくれるはずである。

5.2.2　自分を落ち着かせる

　返答するときには（質問を聞いているときも）、意識して自分を落ち着かせるようにしよう。「落ち着いて」と心の中で言ってみるくらいでよい。返答を整理するために、「そうですね」と言って間をおくのもよい。あるいは、「○○ということでしょうか？」とわざと確認する手もある。ちょっとでも間を取れれば、案外と落ち着くことができるものだ。

5.2.3　まず始めに的確に答え、次に、必要に応じて補足説明をする

　返答は、的確かつ手短にすること。だらだらとした返答はいらつくし、質疑応答の時間を浪費するだけである。具体的には、以下の答え方を心がけよう。

> ① まず始めに的確に答える。
> ② 次に、必要に応じて補足説明をする。

「はい」「いいえ」で答えられる質問には、「はい、○○です」「いいえ、△△です」とまずは答える。「○○の場合はどうですか？」というように、「はい」「いいえ」で答えられない質問に対しても、「□□です」などとまずは答える。それに続けて補足説明をする。

　たとえば、日本代表の研究における、寿司を食べるかどうかの実験（**折り込みスライド**15, 16）に対して以下のような質問が出たとする。

質問
「外国で行われた試合もあると思うのですが、日本で食べるのと同じ質の寿司を用意できたのですか？」

これに対してはこう答えるべきである。

良い答え方：できた場合
「【答え】はい、ほぼ同等のものを用意できました。【補足説明】日本で水揚げされた魚介をその日のうちに空輸したからです」

良い答え方：できなかった場合
「【答え】確かに、同じものは用意できませんでした。【補足説明】しかし、現地で手に入る最高級の魚介を使ったので、それほどまでに質の差はなかったと考えています」

どちらの場合も、質問に対してまずは的確に答えている。そしてそれに続いて補足説明をしている。これならば、返答の要点も明確で、かつ、時間を浪費することもない。

　悪い答え方は以下のようなものだ。

> **悪い答え方：できた場合**
> 「寿司の質を揃えることは私たちも気にしていたことです。色々な方に相談したのですが、ある鮮魚店が協力を申し出て下さいました。日本で水揚げされた魚介をその日のうちに空輸できるとのことでした。そのおかげで、ほぼ同等の質の寿司を用意することができました」
>
> **悪い答え方：できなかった場合**
> 「ご指摘のように、寿司の質が違うと、実験の効果がきちっと現れるのかという問題があります。そうはいっても、外国で行われた試合では、日本での試合と同等の寿司を用意することは無理なわけです。色々と策を考えたのですが、現地で手に入る最高級の魚介を使おうということになりました」

どちらも、さして必要のない前置きから始まっている。しかし、質問者が欲しいのは、質問に対する端的な答えである。こうした答え方をして質疑応答の時間を浪費してはいけない。

5.2.4　質問者を見ながら答える

　質問者を見ながら返答しよう。その聴衆が質問したのだから、その人に対して答えるのが自然である。無理して、全員に視線を向けながら答える必要はない。下手をすると、助け船を求めているととられかねない。ただし、他の聴衆のことも意識して返答してほしい。質問者とのやりとりを他の聴衆に披露している気持ちを持つのだ。返答を終えたら聴衆全員に視線を戻す。そして他の聴衆からの質問を待つ。

5.2.5　他の聴衆にも届く声で答える

　他の聴衆にも聞こえる声で返答すること。質問と返答を、聴衆全員で共有するのである。これができないと、他の聴衆は無駄な時間を過ごすことになる。

5.2.6　沈黙しない

　返答が思い浮かばないこともありえる。だからといって沈黙してはいけない。沈黙する分だけ、質疑応答の時間を無駄にすることになるのだ。返答が思い浮か

ばない場合は、「じっくり検討してみます」「考えを整理して、あとで個人的にお答えいたします」などと言ってその場を区切ろう。そして次の質問を待つ。もちろん本当に、あとでじっくり検討しなくてはいけない。

　わからないことには、「わかりません」とはっきり答えることも大切である。わからずに黙り込むよりも、はるかに意義のある返答である。

5.2.7　特定の聴衆と延々とやりとりをしない

　質疑のときに、特定の聴衆と延々とやりとりをしてはいけない。他の聴衆も質問したいのだ。質疑をしてお互いに納得したら、他の聴衆に質問の場を譲ってもらうことが大切である。もっともこれは、聴衆の問題でもある。あなたとしては、以下のどれかに陥らないように気をつけよう。

◇　質疑というより議論になっている。たとえば、日本代表の強化策についての議論になってしまっている。
　　対処法：「のちほどじっくり議論しましょう」と言う。

◇　その聴衆の個人的な相談時間になっている。たとえば、あなたが用いた手法を自分も用いようと思っており、その方法について詳細に聞いてくる。
　　対処法：「メールにて詳細をお伝えします」と言う。

あなたは、発表会という「公の場」で、そのやりとりを他の聴衆に披露しているのだ。この意識を持てば自ずと、「2人だけの議論」はできなくなるはずである。

5.3　聴衆としての質問の仕方

　あなたは、聴衆として発表者に質問をすることもある。本節では、聴衆としての質問の仕方（**要点6.8**；p.287）を説明する。

5.3.1　質問の種類

　まず始めに、質問の種類を説明する。質問は、大きく2つに分けられる。

① 理解できなかったことの質問
② 理解した上での、学術的な疑問点に関する質問

　①は文字通り、わからなかった点や理解できなかった点を聞く質問である。日本代表の研究例では、スライド14に関して、「選手が寿司を食べた回数をどうやって調べたのですか？」などである。
　②は、理解した上で、学術的な疑問点を聞く質問である。

・学術的な意義は何か
・その研究方法を採った理由は
・その結果から結論できるのか
・他の解釈も可能ではないか

などなど、さまざまな疑問点を訊ねる。たとえば日本代表の研究に関する

> 「外国で行われた試合もあると思うのですが、日本で食べるのと同じ質の寿司を用意できたのですか？」

という質問（p. 290）は、寿司の質を揃えるべきではという学術的な疑問を訊いたものである。あるいは、

> 「俊敏性が上がると強くなるという直接的な証拠があるのですか？」

という質問は、「寿司を食べると、俊敏性が上がり勝利数も増えた」からといって、「俊敏性が勝利をもたらした」とは言い切れないのではないかという学術的な批判である。
　ただし、①と②にはっきり分けられるわけではなく、どちらともとれる質問もある。

5.3.2　積極的に質問しよう

　発表者による説明が終わったものの、誰も質問せずに静まりかえっている発表をよく見かける。積極的に質問して場を盛り上げよう。質問は、あなたの理解を深めるし、発表者のためにもなる。質問なしに質疑応答の時間が過ぎるのはなんとももったいないことである。

5.3.3　批判的な質問もする

　高校生の質問は、理解できなかったことに関するものが非常に多い。こうした質問ももちろん大切である。恥ずかしがらずに質問して発表の理解に努めよう。

　それに加えて、**学術的な疑問点に関する質問も積極的に**してほしいのだ。その発表を、正しいものとしてそのまま受け入れてはいけない。**学術的な問題点がないかと批判的に検討しよう**。疑問を持ったら、質問してその点を指摘する。こうした質問は、あなたの理解を深めたり、その発表の質を高めたりすることにつながる。問題点と思ったものが、発表者の回答によって解消するかもしれない。それは、その発表への理解が深まったということである。問題点を発表者が受け入れたら、その発表をより良くするための助言ができたということだ。質疑応答の醍醐味は、学術的な疑問点の質問にあると思ってほしい。

5.3.4　質疑応答の時間を独占しない

　質疑応答の時間を独占しないように心がけよう。1つの質問に関して延々とやりとりをしてしまったり、複数の質問を次々としたりしてはいけない。質疑応答は全聴衆の時間である。他の聴衆も質問をしたいのだ。他の聴衆も質問できるように配慮しよう。

引用文献・参考文献

IPCC 第 6 次評価報告書　https://www.jccca.org/global-warming/trend-world/ipcc6-wg1

大塚食品ウェブサイト　明日をつくる今日の食卓：カロリーについて【基礎編】

　　　　https://www.otsukafoods.co.jp/enjoy/health/index01-1.html　2023.5.19閲覧

岡本尚也　課題研究メソッド：よりよい探究活動のために　2nd Edition　啓林館

菅野彩花・見由良優花・大宮萌子（2013）　飛行機雲を使った天気の予測について　宮城県

　　　　宮城第一高校理数科　課題研究論文集　第16号　100–105ページ

東洋インキウェブサイト　COLOR SOLUTION：伝わる色の考え方・使い方

　　　　http://www.toyoink1050plus.com/color-solution/ucd/　2017.12.5閲覧

日本眼科学会ウェブサイト　先天色覚異常

　　　　https://www.nichigan.or.jp/public/disease/name.html?pdid=33　2023.4.19閲覧

文部科学省（2023）　今、求められる力を高める総合的な探究の時間の展開（高等学校編）

村上一真（2020）街なかの緑のカーテンが住民の節電行動と温暖化防止に取組む自治体への

　　　　信頼に与える影響の分析　環境科学会誌 33(1)：11–23

Memorandum

Memorandum

Memorandum

これから研究を始める高校生と指導教員のために　第2版
探究活動と課題研究の進め方・論文の書き方・口頭とポスター発表の仕方

著者紹介

酒井聡樹（さかい さとき）

1960年10月25日生まれ

1989年3月　東京大学大学院理学系研究科植物学専門課程博士課程修了

現　　在　東北大学大学院生命科学研究科・准教授・理学博士

専門分野　進化生態学

主要著書　『これから論文を書く若者のために　究極の大改訂版』（著；共立出版），『これからレポート・卒論を書く若者のために　第2版』（著；共立出版），『これから学会発表する若者のために―ポスターと口頭のプレゼン技術　第2版』（著；共立出版），『100ページの文章術―わかりやすい文章の書き方のすべてがここに』（著；共立出版），『生き物の進化ゲーム―進化生態学最前線：生物の不思議を解く　大改訂版』（高田壮則，東樹宏和との共著；共立出版），『植物のかたち―その適応的意義を探る』（著；京都大学学術出版会），『数理生態学』（共著；巌佐 庸 編，共立出版）など

願　　い　サッカーが文化として日本に根づくこと．ベガルタ仙台・仙台レディースが，世界に名だたるチームとなること，日本代表がワールドカップで優勝すること．

［URL］http://www7b.biglobe.ne.jp/~satoki/ronbun/ronbun.html

NDC　002，375.4，407，809.6，816.5　　　　　　　　　　　　　　　　　　検印廃止

2013年7月10日　初版1刷発行
2021年2月1日　初版6刷発行
2024年2月10日　第2版1刷発行

著　者　酒井聡樹　© 2024

発行者　南條光章

発行所　**共立出版株式会社**
　　　　［URL］　www.kyoritsu-pub.co.jp
　　　　〒112-0006 東京都文京区小日向4-6-19　電話 03-3947-2511（代表）
　　　　FAX 03-3947-2539（販売）　FAX 03-3944-8182（編集）
　　　　振替口座　00110-2-57035

印　刷　藤原印刷　　　　　　　　　　　　　　　　　　　　　　　　　printed in Japan

製　本　協栄製本

ISBN 978-4-320-00615-7

一般社団法人
自然科学書協会
会員